香 港 咖 啡 师 协 会 指 定 用 书

精品咖啡工具书

张缤鹤　主编

羊城晚报出版社
·广州·

图书在版编目（CIP）数据

精品咖啡工具书 / 张缤鹤主编. —广州：羊城晚报出版社，2023.11
ISBN 978-7-5543-1260-5

Ⅰ.①精… Ⅱ.①张… Ⅲ.①咖啡－基本知识 Ⅳ.①TS971.23

中国国家版本馆CIP数据核字（2023）第214207号

精品咖啡工具书

JINGPIN KAFEI GONGJUSHU

责任编辑	廖文静
责任技编	张广生
责任校对	杨　群
装帧设计	友间文化
出版发行	羊城晚报出版社
	（广州市天河区黄埔大道中309号羊城创意产业园3-13B　邮编：510665）
	发行部电话：（020）87133824
出 版 人	陶　勇
经　　销	广东新华发行集团股份有限公司
印　　刷	佛山市浩文彩色印刷有限公司
	（佛山市南海区狮山科技工业园A区　邮政编码：528225）
规　　格	787毫米×1092毫米　1/16　印张11　字数200千
版　　次	2023年11月第1版　2023年11月第1次印刷
书　　号	ISBN 978-7-5543-1260-5
定　　价	68.00元

编委会

序 Preface

　　咖啡作为一种快消品，正在受到越来越多的人喜爱。自从星巴克进入国内市场后，本土咖啡品牌在竞争压力下也快速崛起，近年来发展势头强劲。本书对国内咖啡市场进行了全面的分析，很有参考价值！

刘彦斌

2023年8月

刘彦斌，《理财规划师国家职业标准》创始人，现任国家职业技能鉴定专家委员会委员，理财规划师专业委员会秘书长，北京东方华尔金融咨询有限责任公司总裁。

前言

自从20世纪80年代，咖啡文化进入中国以来，至今已有40多年发展历史。在经历了普及化（咖啡零售店）、商业化（连锁咖啡馆）、大众化（独立咖啡馆/自烘焙门店）、精品化（咖啡爱好者自烘焙）及全民化（咖啡概念店）五波"咖啡浪潮"之后，喝咖啡已经成为一种时尚的生活方式。

香港咖啡师协会近年来与内地各大咖啡相关产业合作日益密切，我们了解到：当前我国一二线城市的年轻人，尤其是职场人，逐渐养成了饮用咖啡的习惯，特别是在一线城市中，咖啡消费者的人均消费量达326杯/年。

随着对品质生活的日益追求，咖啡消费者已经完成从"单纯饮用"到"熟知内核"的进化，开始对咖啡豆的种类和产地产生巨大的兴趣。"只有苦涩的才是好咖啡"的印象正逐步被打破，消费者开始更加注重咖啡的口感和制作工艺，追求咖啡的高品质和良好体验。

基于以上蓬勃发展的现状，许多品牌咖啡投入大规模宣传，咖啡店铺势如雨后春笋——咖啡从个人爱好转向了社交场合，成为一种时尚谈资，充盈着人们的日常生活。

伴随着咖啡文化的普及，咖啡相关周边产品已铺开了前途无量的全新赛道，受到各路资本的追捧，越来越多的咖啡馆和咖啡连锁店正在涌现。这些咖啡场所需要的，不再是只懂标准式操作的水吧员，而是可以介绍咖啡文化、讲解咖啡知识，根据消费者不同的口味给予最合适的建议，并选用咖啡豆和冲调工具调制出专属咖啡饮品，身兼咖啡宣传和咖啡饮品定制的专业咖啡师。

如何应对特色咖啡饮品层出不穷的市场现状？除了保证传统咖啡口味

外，为了吸引更多消费者并与竞争对手区分开来，许多咖啡店正致力于创造独特和个性化的咖啡饮品。这就要求咖啡师需要拥有专业的咖啡知识、深厚的咖啡冲调能力，才能在传统的制作上不断探索和实验，为消费者带来更多新颖的咖啡体验。

咖啡，是世上的珍宝，是大自然送给人类的礼物，值得我们细细认识和了解。通过本书，我们共同浏览咖啡悠久的历史，探索咖啡独特魅力的来源，了解咖啡的产地和种类，分析咖啡的各种口感。我们希望，每一位咖啡爱好者都能尽可能细致地探究一杯好咖啡的必备要素，并且尝试动手去制作，亲自领略这其中的乐趣。

本书邀请了多位国内外资深咖啡导师给予专业的指导和意见，不仅介绍咖啡调制的普遍规律和做法，还通过发散思维，带领大家探索更多的可能性。从咖啡文化与传播，到咖啡的由来，详细为"咖啡小白"普及基础知识，并针对烘焙曲线、杯测、奶泡等方面提供专业的指引。

随着我国云南咖啡在世界各地的名气不断攀升与应用不断普及，本书特别增加了关于云南咖啡的相关内容。为我国咖啡的发展贡献一份力量，也是本书的愿景之一。

祝福各位未来的咖啡师，能够学有所得、学有所成，让我们携手共创中国咖啡文化的美好未来！

2023年8月

目 录
Contents

4 咖啡豆分级

5 什么是精品咖啡

6 咖啡烘焙

咖 啡 的 人 文 历 史

1.1 – 咖啡的传说

牧羊人的传说——根据罗马一位语言学家罗士德·奈洛伊（1613—1707）的记载，大约6世纪时，有位阿拉伯牧羊人卡尔迪某日赶羊到伊索比亚草原放牧时，发现每只山羊都显得无比兴奋，雀跃不已，就连之前生病的羊也变得异常兴奋。卡尔迪后来经过细心观察发现，这些羊是吃了绿色灌木丛中的红色果实才会兴奋不已，他好奇地尝了一些，发觉这些果实非常香甜美味，食后自己也觉得精神非常爽快，精力充沛，于是卡尔迪把这些神奇的果实带回了村子的修道院。修道院的僧侣晚上诵经经常会犯困，卡尔迪把红色的果实给僧侣们尝试，僧侣们吃完之后觉得精力充沛，困倦感也消除了。他们感觉很神奇，觉得这是上帝赠予的礼物，于是把它记录下来，流传至今。

阿拉伯僧侣的故事——传说阿拉伯半岛上的守护圣徒雪克·卡尔第之弟子雪克·欧玛在摩卡是很受人民尊敬及爱戴的酋长，但因犯罪而被族人驱逐。一日，欧玛饥肠辘辘地在山林中走着，看见枝头上停着羽毛奇特的小鸟在啄食了树上的果实后，发出极为悦耳婉转的啼叫声。他将此果实带回并加水熬煮，不料竟散发出浓郁诱人的香味，饮用后原本疲惫的感觉也随之消除。雪克·欧玛便采集许多这种神奇的果实，遇见有人生病时，就将果实做成汤汁给他们饮用，他们便恢复了精神。由于他四处行善，受到信徒的喜爱，不久他得以被赦。回到摩卡的他，因发现这种果实而受到礼赞，人们推崇他为圣者。而当时神奇的治病良药，据说就是咖啡。

1.2 - 咖啡的历史

6—9世纪这数百年间，咖啡主要是被当作药品、特种食品或干脆用来酿酒。当时人们认为咖啡的药效主要是助消化、强心、利尿、治疗月经不调等，特别是其有助于提神醒脑、集中精力的功效，对于长途旅行者意义重大，对于战场上的士兵更是意义非凡。

9世纪，一本由波斯名医所撰写的医书《医学全集》，记载了一种叫做Bunn的果实，用它熬煮的汁液Bunchum可以治疗头疼与提神，这是现存最早与咖啡有关的历史文献。10世纪，另一本波斯医学文献《医药宝典》则记载了咖啡可以增强体力、利尿、除臭。9—11世纪的数百年间，咖啡是作为一种医疗处方药物问世。

进入13世纪，人们开始尝试将咖啡果放置在阳光下晾晒，通过降低含水量来获得更长久的保存时间。这些方法直到今天依然被广泛使用。

1.3 - 咖啡的传播

（1）阿拉伯的咖啡故事

信奉宗教的阿拉伯人严禁喝酒，于是他们寻找酒的替代品，转而去大量消费咖啡。宗教是促使咖啡在阿拉伯世界广泛流行，并最终演变为世界性潮流的一个很重要的因素。

15世纪中叶以前，咖啡主要是阿拉伯僧侣和医生的特殊饮品。前者在虔诚的信仰中接触咖啡，后者将其用来治疗消化不良等各种疾病。因此，咖啡作为神圣的特殊饮品，其来历和制作工艺出于宗教考虑而长期保密，不为世俗所知。直到1454年，一位著名的宗教人士出于感恩，将咖啡这种带有神秘宗教色彩的饮品公之于众，咖啡逐渐转变为阿拉伯地区大街小巷随处可见的大众流行饮品。

数十年后，两位叙利亚人在麦加开设了阿拉伯地区最早的咖啡馆——卡奈咖啡屋（Qahveh Khaneh）。在这家咖啡馆里，有人喝咖啡，还有人喝茶，充满果香的烟料化为烟雾从铜质烟壶中袅袅升起，墙壁上装饰性宗教绘画随处可见，讲述各种宗教故事的长者们被大家簇拥，无不体现了浓重的阿拉伯文化风情。16世纪末期，喝咖啡已成为整个阿拉伯地区最基本的生活习俗之一。

（2）土耳其的咖啡故事

1453年，奥斯曼帝国大军攻占君士坦丁堡，灭亡了拜占庭帝国，并将君士坦丁堡改名为伊斯坦布尔。新兴的奥斯曼帝国一只脚踏在亚洲，另一只脚踏在欧洲，掌握着欧亚间主要陆路、海路贸易路线，欧洲已经门户洞开了。逐渐黯淡的神学思想被人文主义精神所替代，欧洲人接纳和亲近咖啡也有了可能性——探讨人性以及人和人之间的关系，追求享受和幸福的人生是人文主义的主旨，咖啡与咖啡馆那种浓郁的人文主义气质便植根于此。

1480年，一群天主教方济各会的修士代表罗马教廷从罗马出发去埃塞俄比亚，首次见识到了咖啡，并将其写进了游记里。后来人们根据他们所戴的那种中央高高耸起的帽子，非常形象地命名了一款奶沫高高隆起的咖啡饮品——卡布奇诺。

1505年，奥斯曼土耳其大军南下占领阿拉伯地区，品尝并爱上了咖啡饮品。没过几十年，喝咖啡的习惯便已传遍了整个奥斯曼帝国领土。蓬勃发展的奥斯曼帝国裹挟着咖啡文化，即将吹响进军欧洲的号角。咖啡国际化传播的序幕缓缓拉开。

（3）英国的咖啡故事

1650年，一位黎巴嫩商人在英国牛津大学建立了欧洲第一家咖啡馆。其实，英国不仅拥有欧洲第一家咖啡馆，于1652年创建于伦敦的一家咖啡馆也堪称欧洲历史最悠久的咖啡馆之一。

直到17世纪中后期，伦敦的咖啡馆已成为人们习以为常的聚会场所，对于英国人来说，咖啡馆是个沟通交流、指点江山、学习进步乃至商贸交易的场所。圆形或椭圆形的咖啡桌四周围着兴奋的人群，激昂的语气并不能掩盖彼此之间形式上的平等、随和、自由。咖啡馆装修简洁平民化，消费一杯咖啡坐上一整天不过几个便士，如果不点单消费仅聊天就只需一个便士，咖啡馆因此获得了"便士大学"的美称。

（4）意大利的咖啡故事

1651年，意大利西部沿海港口城市来航（Leghorn）诞生了欧洲第二家、意大利第一家咖啡馆。但意大利咖啡馆文化之始，却源自1683年诞生的波特加咖啡馆——一家风格简洁小巧的咖啡馆。

17世纪末期，圣马可广场的几家咖啡馆已经闻名遐迩，"圣马可"这个品牌今天在咖啡世界里的赫赫声名也多少与此有关。18世纪的大部分时间里，意大利各大城市纷纷效仿威尼斯圣马可广场佛罗里安咖啡馆，兴起了走高档奢华路线的咖啡馆，也就是所谓的咖啡宫殿。

与此同时，对咖啡馆日渐警惕的法国政府开始严管巴黎咖啡馆，营业时间、顾客来源等都在限制之列。这反而导致巴黎咖啡馆的层次大幅提升，原有的彻底开放性质发生了质变，咖啡馆开始依据各自不同的选址、装潢、定位等来吸引招揽不同类型的客人。"道不同，不相为谋"，客源固定的咖啡馆逐渐成为主流，咖啡馆的"圈子"概念出现了，这对今天全世界的咖啡馆影响巨大。

（5）德国的咖啡故事

今天欧洲的第一大咖啡消费国——德国，在18世纪欧洲大陆咖啡消费持续升温之时，该国却丝毫没有体现出在咖啡消费上的潜力。为什么呢？因为咖啡是一种只能生长在"咖啡种植带"的热带经济作物，而德国不仅本土种植不了咖啡，也缺少能够生产咖啡的海外殖民地。一旦民众喝咖啡上瘾导致咖啡进口大增，势必造成贸易赤字陡增，金银大量外流给英法等竞争对手，如何不叫人心痛？因此，普鲁士国王数次与啤酒商人携手，一边推销啤酒，一边禁售咖啡，更对进口咖啡课以重税，后来索性将咖啡烘焙权收归国有。

直到19世纪中叶以后，德国超过法国成为欧洲大陆第一强国，自身经济实力强大使得自由经济理论受到重视，再加上迫于咖啡消费者和商人等各方压力，这才将咖啡禁令取消。咖啡在与啤酒的竞争中完胜，德国咖啡消费量暴涨，最终成为欧洲咖啡消费之冠。

（6）法国的咖啡故事

1686年，一个意大利商人在法国巴黎创建了普罗科普咖啡馆，伏尔泰、卢梭、拿破仑等都曾是它的常客，为其奠定了文艺沙龙格调。普罗科普咖啡馆的大获成功带动了一大批跟风者，带有文艺范儿的咖啡馆相继出现，因此普罗科普咖啡馆被视作法国巴黎咖啡馆文化兴起的一个标志。

18世纪中叶以后，巴黎咖啡馆数量快速增多，使得启蒙运动中文人所建构的新思想得以植根市民中。19世纪末，法国人将其所特有的享乐主义发挥到了极致。咖啡馆早已超出了吃喝范畴，宴会、展览、婚礼、沙龙、创作、歌舞表演等几乎一切活动都靠咖啡酝酿，都在咖啡馆里开花，咖啡馆文化从精英文化逐渐变成了大众文化。

（7）奥地利的咖啡故事

1683年，土耳其人率领10万大军沿着多瑙河第二次围攻维也纳，一个精通土耳其语的小伙子科胥斯基冒充土耳其士兵冲出重围向波兰国王扬·索别斯基搬救兵，最终波兰和维也纳军队里外夹击，解除了维也纳之围。维也纳军队发现了土耳其军队仓皇撤退时留下的大量咖啡豆，作为奖励品连同一座房子一同赏给了立下战功的科胥斯基。科胥斯基曾在土耳其居住多年，自然知道咖啡豆的底细，他便在那所房子里利用这些咖啡豆创办了维也纳第一家咖啡馆——蓝瓶子咖啡馆。

科胥斯基在经营这家咖啡馆时面临许多困难，不得不向维也纳人的传统饮食习惯进行妥协，大量针对咖啡的创新便应运而生。在咖啡里兑上牛奶便是一例——或许这便是科胥斯基被称作"拿铁咖啡之父"的原因吧。

2

什 么 是 咖 啡

2.1 - 咖啡树

（1）咖啡树品种

咖啡树，是茜草科咖啡属常绿灌木植物，叶对生，卵状椭圆形，先端渐尖，全缘，革质；聚伞花序，腋生，花冠白色，具香气；浆果球形，果实成熟时由绿转黄至红色，半球形。有些叶片具黄色斑点。花果期2—9月。咖啡树中的"咖啡"二字，源自阿拉伯语，即植物饮料的意思。一直以来，咖啡都被认为具有某些药效，如健胃、醒脑、止血、散热、强身等。咖啡属植物超过40种，但能够生产出具有商品价值咖啡豆的只有阿拉比卡种、罗布斯塔种、利比里亚种，被称为"咖啡三大原生种"。

阿拉比卡种

所有的咖啡中，阿拉比卡种咖啡占比约三分之二，其绝佳风味与香气使它成为这些原生种中唯一能够直接饮用的咖啡。但其对干燥、霜害、病虫害等的抵抗力过低，特别不耐咖啡树的天敌——叶锈病，因而各生产国都在致力于品种改良。

其最适宜生长在海拔800～1800米的山地上。阿拉比卡种根系发达，吸收根分布浅，要求疏松、肥沃、排水良好的土壤，并且坡度较平缓的坡地。对温度的要求随栽培品种而异，小粒种较耐寒，喜温凉的气候，要求年平均气温为19℃～22℃，最低月平均气温为11.5℃以上，绝对最低气温在4℃以上，年降雨量在1250毫米以上，在花期及幼果发育期，有一定降雨量最适宜咖啡的生长发育。

不耐强光，需要适当荫蔽，若光照过强，则生长受到抑制。如果加上水肥不足，就会出现早衰现象，甚至死亡。但如果荫蔽过度，就会造成枝叶徒长，花果稀少，导致产量降低。

💿 罗布斯塔种

罗布斯塔种咖啡的原产地为非洲刚果，占有全世界咖啡产量约三分之一。"罗布斯塔"一词有"坚韧"的意思，实际上，此种咖啡树不只对病虫害抵抗力强，在任何土壤都能生存，甚至在野生的状态下也能生长良好。其在高温地区也能栽种，生长速度快且容易栽培，有着价格低廉的优势，主要用来配豆或作为速溶咖啡的主原料。

其咖啡豆呈圆形及不规则形状，中间坑纹直，呈黄绿色，咖啡因含量高，约2.7%，口感较浓郁。焙炒过后，其风味鲜明浓烈、回味持久，还带有巧克力味。

其多种植在海拔1000米以下的低地，喜欢温暖的气候，要求温度在24℃～29℃，对降雨量要求不高，但是该品种要靠昆虫或者风力传授花粉，所以从授粉到结果要9～11个月，相对阿拉比卡种要长。罗布斯塔种叶片较长，颜色亮绿，生长高度可达10米，但树根很浅，果实比阿拉比卡种的果实略圆。

罗布斯塔种具有独特的香味（称为"罗布味"的异味，有些人认为是霉臭味）与苦味，仅仅占混合咖啡的2%～3%，整杯咖啡就成了罗布味。它一般被用于速溶咖啡（其萃取出的咖啡液大约是等量阿拉比卡种的2倍）、罐装咖啡、液体咖啡等工业生产咖啡上。咖啡因的含量为3.2%左右，远高于阿拉比卡种（1.5%）。

💿 利比里亚种

非洲西部为利比里亚种咖啡的原产地，其对于不论是高温还是低温，不论是潮湿还是干燥等各种环境，皆有很强的适应能力，唯独不耐叶锈病，风味又较阿拉比卡种差。

利比里亚咖啡树比阿拉比卡或罗布斯塔高大得多，结出来的咖啡果也比其他两个咖啡种要大，所以利比里亚种也称为大果种。

利比里亚种主要产地为非洲赖比瑞亚、象牙海岸、马达加斯加，风味主调为坚果、黑巧克力的厚重感和烟熏的香气。利比里亚种一般不作为大通货流通，多用于提取咖啡因和绿原酸，或者供研究使用。

（2）咖啡树的栽培

有个名词叫做"咖啡带"。世界上咖啡主要生产国有60多个，其中大部分位于南北回归线（南、北纬23°26'）之间的热带、亚热带地区内。这一咖啡栽培区称为"咖啡带"。咖啡带的年平均气温都在20℃以上，因为咖啡树是热带植物，气温过低则无法正常生长。咖啡树种下之后，约五年才能长成，首度开花结果，供农民采收。一般而言，结果第一年至第四年所生产的咖啡质量较佳，风味较好。

由于咖啡树最怕霜害，又怕高温，所以热带地区通常种在1200～2100米之间，亚热带地区则种植在600～1200米之间。一般而言，越是高地的咖啡，生长越慢，质地越密，风味越佳。咖啡的质量决定于它的品种、土壤性质与气候条件（风、雨、温度、阳光），目前还没有人工的方法可以改变咖啡豆的原始风味。

适合栽种咖啡的土壤，就是有足够湿气与水分且富含有机质的肥沃火山土。富含腐殖质的土壤自然成为适合栽种咖啡的基本条件之一。土质对咖啡的味道有微妙影响，像种植在偏酸性土壤上的咖啡的酸味也会较强烈。

一般认为高地出产的咖啡品质较佳，所以咖啡庄园一般位于险峻的斜坡高地上，对于交通、搬运以及栽培、管理各方面都不方便，但是这样的地形气温低且易起晨雾，能够缓和热带地区特有的强烈日照，让咖啡果实有时间充分发育成熟。只要有合适的气温、降雨量和土壤，会起晨雾且日夜温差大，就能栽种出高品质的咖啡。

罗布斯塔种咖啡栽种在海拔1000米以下的低地，与阿拉比卡种不同，它生长速度快又耐病虫害，在不肥沃的土壤亦能栽种，因而味道与香气都远逊于阿拉比卡种咖啡。

不过，"高地产等于高品质"并不意味着"低地产等于低品质"，有时候产地的地形与气候条件更重要。

2.2 - 花与果实

咖啡的花，一般是5瓣，也有6瓣及8瓣，纯白色，浓香似乳，但不刺鼻，还有淡淡的茉莉香。开花时节，对温度要求较高，气温低于10℃时不开花，13℃以上才有利于开花。咖啡树可以多次开花，花期很集中，仅2～3天的寿命，比较短暂。

咖啡花除了可以观赏，还可以制成花茶饮用，口感和茉莉花茶如出一辙，清甜可口，有一种难以比拟的醇美。

咖啡的果实为浆果，有点像樱桃，所以又被称作"咖啡樱桃"（Coffee Cherry）。刚长成的果实为绿色，然后变黄，成熟时为红色，圆润饱满，甚是好看。有些品种的成熟果实是黄色的，如玛拉果吉佩（Maragogipe），以巴西种植最多。浆果多呈椭圆形，长1.2～1.5厘米，宽约1厘米，果肉不多，成熟时有甜味，可食用。

2.3 - 种子——咖啡豆

咖啡的果实，由外果皮、果肉、内果皮（Parchment）、银皮（Silver Skin）等层层包裹，深藏在中心的部分才是种子，也就是咖啡豆种子。咖啡豆种子通常是两粒，在果实内相拥成一对，单粒的种子略呈半椭圆形，两粒合抱呈椭圆球体。有些果实里面只长出一粒豆子，形状较圆，叫做"圆豆"（Pea-berry）。

每次采收的咖啡豆中，总会有一小部分圆豆，有些农场会特别将它们

挑出来，以"圆豆"概念销售，可以卖得好价格。由于圆豆磨成的咖啡稠度较高，香气又好，于是经常有人将圆豆加以"陈年"处理，成为"陈年咖啡"（Aged Bean），更是珍贵的产品。农场一定要妥善去除果皮与果肉，才能生产出高质量的咖啡豆。

未经烘焙的咖啡豆，我们习惯称之为"生豆"（Raw Bean或Green Bean）；烘焙完成的豆子，则叫做"烘焙豆"（Roasted Bean）。在咖啡交易市场上，一般将刚采收的生豆称作"当季豆"（Current Crop），第一年的咖啡生豆叫做"新豆"（New Crop），前年的收获品称为"旧豆"（Past Crop），而库藏更久的则称为"老豆"（Old Crop）。老豆不等于陈年豆（Aged Bean）。生豆在采收与处理完成之后，一般是深绿色，或有些偏蓝，闻起来有自然的果香，质地坚硬，俨然一粒青色的玉石，随着存放时间的增长，生豆会转成白色，最后变成黄色。

生豆的中央有一条明显的凹陷，叫做"中央线"（Center Cut），这是辨识阿拉比卡豆与罗布斯塔豆的方法之一，前者的中央线呈S形，后者则呈一直线。根据笔者的经验，豆子越弯曲，颗粒越小，中央线越呈明显的S形，这样的咖啡豆风味越好。生豆能储藏的年限相当长，不过储存不良时会改变咖啡的风味，甚至产生杂味。新豆的调性活泼，有自然的花香味与优质的酸味；老豆的调性沉稳，醇度与浓厚度较高。

2.4 - 咖啡产地与风味

（1）非洲——埃塞俄比亚

埃塞俄比亚是著名的阿拉比卡咖啡豆的诞生地。海拔超过1500米的咖啡庄园，经过千年的演变与适应，形成了独特的咖啡风土，因此人们至今一直保持着采收野生咖啡豆的传统。埃塞俄比亚咖啡的主要产区有西达摩

（Sidamo）、耶加雪菲（Yirgacheff）、哈拉（Harar）、林姆（Limu）、金玛（Jima）等。

每个产区的咖啡豆都有不同的风味。例如：耶加雪菲的咖啡闻起来带有姜花香，入口有柑橘、柠檬、水果糖的味道，中段带有杉木香、蜂蜜甜感，尾段带有乌龙茶感，奶油余韵持久；西达摩的咖啡微酸，具有花果味，如葡萄等多种热带水果的丰富香气，同时具有明显的花香、柠檬和柑橘调性，青柠般的酸质（Acidity），冷下来后有桃子的香气。

（2）非洲——卢旺达

美丽的千丘之国卢旺达有着种植高地咖啡的悠久而丰富的文化，以种植高质量的阿拉比卡咖啡豆为主。卢旺达一些出色的咖啡大都出自南部和西部，南部的Huye山区、Nyamagabe地区由于海拔较高，出产的咖啡具有花香和柑橘风味；而西部则盛产口感丰富、富含草本芳香的咖啡。

非洲著名的咖啡产区除了这两个以外，还有肯尼亚、乌干达、坦桑尼亚等重要产区，每个产区的咖啡豆都独具风味，值得大家多多尝试。

（3）美洲——哥伦比亚

哥伦比亚咖啡种植主要分布在安第斯山脉沿线，从北至南，大致划分为北部产区、中部产区与南部产区。北部的咖啡豆，具有巧克力和坚果风味，并且酸度越低，体脂感越高；中部的咖啡豆，是草本和水果风味；南部的咖啡豆，则具有更强烈的酸度和柑橘风味。得益于适宜的环境以及国家咖啡组织的协调，哥伦比亚咖啡的品质基本上被认为是稳定和可信赖的温和派咖啡的代表。因此，其也常被应用于高级的混合咖啡中。

（4）大洋洲——巴布亚新几内亚

巴布亚新几内亚是大洋洲上的一个岛国，特有的火山岩土壤和丰沛的降雨量为咖啡的生长创造了优良的自然条件。加上该国咖啡普遍种植在海拔

1300～2500米的高地，所以咖啡豆颗粒丰满，口感变化多端。巴布亚新几内亚咖啡以水洗处理为主，水洗之后，一样需要加以日晒干燥，让含水量降到12%。经过水洗的巴布亚新几内亚咖啡豆，有着丝绸般柔和的口感和绝妙的香味，酸度适中，是咖啡中比较少有的高醇度兼中酸度的咖啡品种，不管是用来调配意式单品还是一般的综合咖啡，都能弥补酸质咖啡的不足。

（5）亚洲——中国云南

云南作为中国最大的咖啡种植省，其咖啡产量几乎占了我国产量的99%。得益于高海拔和漫长的日照，云南的咖啡豆生长周期被拉长，果实饱满，含糖量高，风味也更醇厚。云南咖啡属阿拉伯原种的变异种，经过长期的栽培驯化而成，一般称为云南小粒种咖啡，为常绿小灌木，果仁较小，果皮较厚，果肉甜，含咖啡因成分较低，故又称淡咖啡，是世界主要栽培品种。其主要分布在云南南部和西部的普洱、西双版纳、文山、保山、德宏、临沧等地。云南小粒种咖啡口感均衡，具有焦糖、坚果香味和柔和的果酸，属于香而不苦、浓而不烈、微酸舒适的咖啡，正逐渐被大众所喜爱。

（6）亚洲——印度尼西亚

印度尼西亚最好的咖啡种植区在苏门答腊、爪哇岛、苏拉威西岛三个岛，并创立了三大咖啡品牌：苏门答腊曼特宁、爪哇咖啡及苏拉威西岛咖啡。其中最具代表性的是曼特宁咖啡。在品尝曼特宁的时候，你能在舌尖感觉到明显的顺滑和甜感，同时又有较低的酸度，这种跳跃的微酸混合着最浓郁的香味，让你轻易就能体会到温和馥郁中的活泼因子。除此之外，它还有一种淡淡的泥土芳香，也有人将其形容成草本植物的芳香。

3

生 豆 的 处 理

3.1 - 采收

　　咖啡的采收期以及采收方式因地而异，一般来说，每年可采收1~2次（有时也能达3~4次）。采收期多在旱季。举例来说，巴西在6月左右。采收方式大抵分为两类，一是手摘法，二是摇落法。

（1）手摘法

　　多数阿拉比卡种咖啡产国都采用手摘法采收。手摘法不单是将成熟鲜红的咖啡豆摘下，有时还会连同未成熟的青色咖啡豆与树枝一起摘下，因而这些未成熟豆常会混入精制后的咖啡豆中，特别是采用自然干燥法精制时。如果这些豆子也一起混入烘焙，会产生令人作呕的臭味。

（2）摇落法

　　即乱棍击打成熟的果实或者摇晃咖啡树枝，让果实掉落汇集成堆。规模较大的庄园会采用大型采收机，而中小型农庄则以全家动员的人海战术采收。这种将果实摇落地面的方法，比手摘法更容易混入杂质与瑕疵豆，有些产地的豆子还会沾上奇特的异味，或者因为地面潮湿而导致豆子发酵。巴西与埃塞俄比亚等罗布斯塔种咖啡豆生产国多以此种方式采收。

　　以摇落法采收的国家，亦多采用自然干燥法精制咖啡豆。咖啡春天开花，夏天结果，冬天收成，在旱、雨季区分不明显的地方，采收与干燥作业相当困难，遇上雨季，就无法采用自然干燥法。因此，咖啡适合种植于旱、雨季分明的地区。

3.2 - 处理

咖啡的果实中央有一对椭圆形的种子，种子被外果皮、果肉、内果皮与银皮覆盖。采收后的果实一定要立刻进入处理程序，否则会开始发酵，使咖啡豆产生异味。处理就是将咖啡果实的果皮和果肉去除，再将种子取出。一般来说，5千克咖啡果实约可取得1千克咖啡生豆。

处理的方法有干燥法与水洗法两种，经过这两种方法处理的咖啡豆会形成不同的风味。

（1）干燥法

咖啡果实采收后，须经过自然（日晒）干燥法或机器干燥法将其干燥、去壳，取出生豆。自然干燥法，是将果实摊放在露天日晒场，以阳光曝晒干燥。为避免干燥不均匀或者发酵，必须适时搅拌，晚上要盖上防水布阻挡夜露。日晒天数视果实的成熟度而定，成熟度高的仅需数日，未成熟的果实则需要晒上1~2周。原本樱桃般鲜红的果实晒上1周左右就会变黑，外皮与果肉也会变硬而容易取下。晒干顺利的话，含水量可达到11%~12%。一般出口的咖啡生豆含水量为12%~13%。自然干燥法的作业过程简单，设备投资又少，成本相对较低，因此过去几乎所有咖啡生产国都采用此法。但因为此种精制法受制于天气情况，且耗费时日，现在除了巴西、埃塞俄比亚、也门、玻利维亚、巴拉圭等国家外，几乎所有阿拉比卡种咖啡生产国都改用水洗法。

自然干燥法的缺点还有容易混杂过多的瑕疵豆等杂质。光就咖啡豆外观而言，自然干燥法与水洗式精制法孰优孰劣，一目了然。

（2）水洗法

水洗法始于18世纪中期。其精制过程是，首先要将咖啡果实（红色樱桃般的果实）的果肉去除，接着用发酵槽去除残留在内果皮上的黏膜，清洗过后加以干燥。非水洗法与水洗法的不同，在于非水洗是干燥后再去除果肉，而水洗则是去除果肉后再干燥。水洗式精制法能通过每个步骤去除杂质（石头或垃圾等）与瑕疵豆，因此生豆的外观均一，普遍被认为具有高品质，交易价格也较自然干燥法精制的咖啡豆高。但是过程分工越细，作业与卫生管理方面的手续也就越多，风险亦越高，因而水洗法不见得就等于高品质。水洗式咖啡最大的缺点在于，发酵过程中咖啡豆容易沾染上发酵的臭味，有些咖啡行家指出："一颗有发酵味的咖啡豆会坏了50克豆子。"豆子

之所以沾上发酵味，绝大多数是因为发酵槽缺乏管理维护的关系。将内果皮上带着黏膜的咖啡豆浸在发酵槽中一个晚上能够去除黏膜，但若发酵槽清理不完全，温湿度变动过大造成发酵槽中的微生物产生变化，就会导致咖啡豆沾上发酵味。

（3）半水洗法

此为干燥法与水洗法的折中型。做法是首先将收成的咖啡果实水洗，然后用机械去除外皮与果肉，再晒日光使之表面干燥，最后用机器进一步干燥。其与水洗法的不同之处在于，过程中不将咖啡果实放入发酵槽；与干燥式精制法相比，品质上则更稳定。目前大多数咖啡生产国正逐步趋向于采用半水洗法，而采用非水洗法的各生产国则根据各自的地理环境和生产需求，多采用自然干燥法。

⚫ 干燥法与水洗法咖啡的不同

首先，水洗法加工的咖啡豆含水量为12%～13%；干燥法加工的咖啡豆含水量则为11%～12%，且看上去往往带有较深的绿色。一般来说，含水量较高的生豆，颜色多呈绿色或青色系；含水量较少的生豆，颜色呈褐色或接近白色。其次，水洗法加工的咖啡豆混入石头、木块、枝干等异物的比例会大幅降低，且从外观上看，咖啡豆的色泽更加均匀一致。另外，水洗法加工的咖啡豆表面的银皮剥离得较为彻底，豆子看上去更加光泽莹润，而干燥法加工的咖啡豆表面看上去则干涩一些。

（4）混合式处理法

⚫ 去果皮日晒法

巴西主要采用这种处理法。这是由设备制造商Pinhalense经过多次实验研发出来的成果，实验的目的就是要用比水洗法更少的水制作出高质量的咖啡豆。

采收之后，用去果皮机剥除咖啡果实的外果皮和大部分果肉层，然后送至露台或架高式日晒专用桌进行干燥程序。保留的果肉层越少，越能降低产生瑕疵豆的风险，但保留小部分果肉层又能给咖啡豆贡献更多的甜味与风味的厚实度。所以，采取本处理法须格外留意脱除果皮、果肉后的干燥程序。

☕ 蜜处理法

本处理法十分接近去果皮日晒法，主要在哥斯达黎加和萨尔瓦多等为数不少的中美洲国家使用。采收后的咖啡果实同样要用去果皮机剥除外果皮，但会比去果皮日晒法使用更少的水。去果皮机通常可以控制让多少果肉层保留在豆表硬壳上，据此，制作的咖啡可以分为100%蜜处理或20%蜜处理等。西班牙文micl翻译成英文就是honey，指咖啡果肉的黏膜层。不过，保留越多的果肉层，进行干燥程序时产生过度发酵风味的瑕疵风险就越高。

3.3 – **采用不同处理法的咖啡豆的区别**

（1）半水洗法咖啡豆的优点

从生豆外观来说，其实经过半水洗式精制法处理的咖啡豆表面并不好看，颜色暗沉，且没有新豆特有的绿色。黑色的薄皮像痂一样附在上面，看上去脏兮兮的，因此一眼就能分辨出来。

水洗法让咖啡豆酸味更强，自然干燥法可保留微酸和果香，而介于两者之间的半水洗法具备了这两种精制法的优点，但毕竟是新的处理法，工艺上还有不成熟之处，因此制出的咖啡豆味道难免参差不齐。不过，半水洗法的优点足以弥补这些不足，利用此法处理的咖啡豆能够中和强烈的酸味，让咖啡产生温和的口感，而且会散发出如蜂蜜般的甘甜味道。再加上此法处理的咖啡豆较软，极易烘焙，因此能够打造出丰富的香味与浓厚的醇度。

（2）水洗豆比日晒豆酸

日晒豆的酸性物质含量较高，酸味理应高于水洗豆，但品尝经验恰好相反，即水洗豆制作的咖啡喝起来会比日晒豆的更酸。水洗豆杯测的酸味高于日晒豆，为何如此？原来，日晒豆的酸性物质主要是不会作用于味觉的氨基丁酸，而水洗豆则富含尝起来酸溜溜的柠檬酸、苹果酸或醋酸。

（3）日晒豆的油脂、糖分与酸性物质含量较高

日晒豆的脂肪、酸性物质与糖分含量明显高于水洗豆，这是因为日晒法处理的豆子包藏在果肉里，在长达7天左右的脱水阶段，豆子充分吸收了果胶与果肉的脂肪。另外，日晒豆也因果胶与果肉发酵，而吸收较多的酸性物质。反观水洗豆，先去掉果皮和部分果胶，再入池发酵清除残余果胶，因此无法充分吸收果肉里的脂肪，且豆子的酸性成分有一部分溶入池中，致使酸性物质少于日晒豆。

（4）日晒法咖啡豆的局限性

日晒法虽省工省水，但制出的咖啡豆品质很容易失控。若曝晒时间太长脱水太快，咖啡果易龟裂，进而感染细菌产生恶味；若湿气太重干燥太慢，咖啡果易腐烂或发酵过度。所以，采取日晒法，只盼天公作美。

3.4 - 至关重要的手选

手选是一道看似枯燥但意义非凡的工序。采摘、初加工、储存、运输等任何环节的疏漏，都可能使咖啡豆混入一些异物或瑕疵豆，异物包括石头、沙粒、金属片、木屑、树枝等，瑕疵豆则包括所有与成熟健康咖啡豆标

准不符的咖啡豆。瑕疵豆会严重破坏咖啡饮品的口感，摧残我们的感官体验，所以需要将其剔除干净。

作为普通咖啡消费者，我们需要采用人工手选的方法将异物和瑕疵豆逐一剔除，让咖啡饮品呈现真实的美味。无数咖啡烘焙及杯测实验证明，瑕疵豆的存在是咖啡风味和口感"失真"的最大元凶，哪怕一两颗瑕疵豆所造成的破坏性，也是再高明的烘焙技术也难以弥补和掩盖的。

☕ 手选的七大步骤

对于要求严苛的咖啡爱好者来说，坚持"先手选，再烘焙，再手选"，是保证获得优质咖啡豆的前提条件。我们来简单看看手选咖啡生豆的过程：

第一步，我们假设咖啡生豆已经过筛处理，彼此大小基本一致。取适量（300克左右）咖啡生豆放置在手选平盘里，白色或浅纯色且无反光的背景有利于我们审视每一颗咖啡豆。

第二步，先将豆子都集中堆放在托盘中央，然后平端托盘，前后左右轻轻晃动，直至咖啡豆均匀平摊在托盘上为止。

第三步，用钢尺（用手指代替亦可）在平摊散置的咖啡豆上划一个"十"字，将其分作面积相当的四块区域。

第四步，按照逆时针方向从右上角的第一象限开始至第四象限，逐个区域审看每一颗咖啡豆，将异物分拣出来扔弃，直至结束。

第五步，按照逆时针方向从右上角的第一象限开始至第四象限，审看每一颗咖啡豆，必要时还需将咖啡豆拿起来立体观察，将每一颗瑕疵豆挑拣出来放置一边，直至结束。很多咖啡专家还专门提出了"先看颜色，后看色泽，再看形状"的三步手选策略，值得我们学习借鉴。

第六步，将手选后的咖啡生豆进行烘焙操作，烘焙操作结束后，再将其倒在托盘上，从第一步开始继续进行分象限逐一手选。由于有些瑕疵豆在生豆阶段外观特征并不明显，容易逃过我们的"法眼"，经过加热烘焙、色泽变化后就暴露无遗了，此时我们再手选一遍就几乎没有遗漏了。

第七步，手选结束，妥善储存手选后的咖啡熟豆。

根据我的实践经验，手选不仅适用于追求卓越口感的精品咖啡发烧友，对于普通咖啡消费者和路边咖啡小店老板同样意义非凡——只花少量时间对咖啡豆进行手选，损失的咖啡豆并不太多（通常少于10%），口感却能大幅改进，何乐而不为呢？

咖啡豆分级

4.1 - 为什么要分级

  同一个地方的咖啡，由于种植、管理、处理等方式不一，咖啡豆的质量和风味也有所不同，因此，为了明确咖啡质量的等级，也为了区分交易，"咖啡分级"就成为一项重要的指标。

  第一，生豆分级有利于规范市场价格，使品质和价格相对应。根据质量等级来定价，质量高的价格相应较高。

  第二，有利于控制生豆质量。因不同批次的咖啡豆质量不一，可以通过分级来使质量相对稳定，采购商也可以通过分级系统对照寄送样品和到货样品来控制质量。

  第三，有利于满足细分市场需求。不同的市场对咖啡豆的要求不同，对质量的要求也不同，可以根据市场需求采购不同等级的咖啡豆或对生豆重新分级以达到客户要求。

4.2 - 咖啡豆分类标准

  咖啡生豆主要是依据咖啡的质量来分级的，所以咖啡分级所依赖的参数为影响咖啡生豆质量的因素，分为物理因素和感官因素。

（1）物理因素

📀 颜色

一般来说，深绿、蓝色的咖啡生豆质量较好，而偏黄、白色的咖啡生豆质量较差。咖啡生豆的颜色主要取决于密度、含水率、处理方式、储存与运输条件、保存与见光时间等。

一般来说，含水率越高的豆子越绿，密度越高的豆子颜色越深；水洗的咖啡生豆较绿，日晒的较黄；储存湿度低时豆子容易失水变白，湿度与温度高时豆子则容易滋生细菌而发霉；保存时间长的豆子会变白，光照时间长也容易让咖啡生豆发白。

📀 气味

不属于咖啡生豆本身的味道，都是不受欢迎的。这些气味是在处理、运输、存储过程中受到细菌、真菌感染或其他物质污染而产生的。咖啡生豆受到赭曲霉毒素、霉菌的感染，不光会产生异味，还会对人体健康造成威胁。麻袋等介质也可能污染咖啡生豆，使之产生异味。接近挥发性物质例如汽油，也会让咖啡生豆产生异味。

📀 含水率

咖啡中的水分对于咖啡来说是很重要的。含水率过高，咖啡生豆容易被霉菌感染而发霉产生异味；含水率过低，咖啡生豆一致性较差，风味会流失。实践与经验证明，咖啡生豆含水率在10%～12%比较合适。

咖啡生豆含水率过高，多是由不恰当的干燥过程如干燥不足、储存不当造成的。含水率过低，则主要是由不适当的干燥过程如干燥过度、不适当的存贮与储存时间过长造成的。含水率会在一定程度上影响咖啡生豆的密度。另外，在烘焙时，咖啡豆的水分容易流失，水分一旦流失，豆子就会变得多孔。

☕ 水活性

与含水率相关的还有水活性。水活性即水分活度，所量度的是物质中的自由水分子，而这些自由水分子是微生物生殖和存活的必需品。它影响物质的物理、机械、化学、微生物特性，包括流淌性、凝聚力、内聚力和静态现象。水活性大小直接影响微生物是否可以存活。高水活性意味着咖啡生豆容易受到微生物的感染。

☕ 大小

咖啡豆的颗粒无论大小，都有上品。不过，在许多产地，"咖啡豆的大小"确实是一个极具参考价值的指标。在那些地区，豆子长得大而饱满且曲线优美，即表示咖啡豆生长得健壮，达到完全成熟的状态，最能展现美好的风味。

一般来说，咖啡豆越大，价格越高。对于烘焙，豆子大小不同，其烘焙效率也不同，小的豆子更容易熟。咖啡生豆通过圆孔筛网的孔径来确定大小的，其单位为目。一目代表1/64英寸（约0.3969毫米）。比如，17目就是17/64英寸，大约为6.747毫米，所以筛网的数字越大表示咖啡生豆的颗粒越大。经过如此层层筛选之后，咖啡豆的级数就被编出来了。豆子大小的一致性对于烘焙的一致性相当重要，尤其是在生豆拼配的时候。

经过分级之后，区分为AA、A、B、C与PB等数级。AA为最高级，A、B、C依次递减，C级以下的通常被拿去当饲料或肥料。另外，圆豆的风味特殊，而且颗粒本来就比较小，所以自成一级，即"PB"，通常价格较高。

☕ 瑕疵豆的点数

这是最早的分级方法，鉴定的方法是随机抽取300克样本，放在黑色的纸上，因为黑纸最能避免反光。然后，由专业鉴定师谨慎检视，找出样本内的瑕疵豆，并按瑕疵的种类，累计不同的分数。例如，黑豆1粒算1分，小石子1粒算1分，大石子1粒算5分，破碎豆5粒算1分，虫害豆5粒算1分，酸豆2粒算1分，大干果皮1个算1分，中干果皮2个算1分，小干果皮3个算1分，未脱壳豆5个算1分，贝壳豆3个算1分，等等。完成鉴定后，便依照累计的缺点分数评定级别，等级为NY2~NY8，没有NY1。

💿 产地的海拔高度

一般而言，高山地区由于气候寒冷，咖啡树生长速度缓慢，生豆的密度较高，质地较坚硬，制出的咖啡也较醇浓芳香，并有柔顺的酸味。反之，在海拔较低的地区，生豆的密度较小，质地也不坚硬，制出的咖啡质量也较差。所以，也有人用硬度来分级。不过，不同产地的硬度分级标准并不相同，以下仅为其中一例。

表4-1　咖啡生豆按硬度分级示例

等级	生长地海拔高度（米）	等级简称
Strictly Hard Bean（极硬豆）	1372~1524	SHB
Good Hard Bean（高硬豆）	914~1372	GHB
Hard Bean（硬豆）	610~914	HB
Pacific（太平洋海岸区）	300~1000	Pacific

其中，种植在太平洋沿岸地区缓坡上的咖啡，尤其是种植在海拔高度25~83米之间缓坡的咖啡，被称作"太平洋级"，具有较低的酸性。

在墨西哥、洪都拉斯与海地等地方，可列入精选咖啡的等级还有Strictly High Grown（极高山豆，简称SHG），其次为High Grown（高山豆，简称HG）。

（2）感官因素

国际上通用的是SCA（Specialty Coffee Association）杯测标准，按杯测分数来区分。也有一些地区是根据杯测的风味特点来分级的，例如巴西，把风味分为：Strictly Soft（极温和）、Soft（温和）、Sofish（稍温和）、Hard（艰涩）、Hardish（不顺口）、Rio（淡碘味）、Rioy/Rioysh（碘呛味）；把口感主要分为Fine Cup（简称FC，口感极温和）和Good Cup（简称GC，口感稍温和）。

表4-2　SCA生豆分级系统

样品重量	生豆：350克；熟豆：100克
颜色	苍黄、黄绿、偏绿、绿色、孔雀绿、蓝绿
瑕疵	少于1个一类瑕疵单位且不多于5个二类瑕疵单位，100个熟豆中无未成熟豆
水活性	<0.7AW
含水率	10%～12%
大小	不能有超过合同约定规格5%的大小出入
气味	无异味
杯测质量	在样品的杯测中，豆子要能展现产区的风味特性，包含干、湿香气，酸质，醇厚度，回味（余韵）以及整体的特质。杯测分数≥80分为精品

表4-3　SCA瑕疵分级

SCA依据瑕疵对咖啡豆的影响程度，将瑕疵分为两个等级：一类瑕疵和二类瑕疵							
一类瑕疵				二类瑕疵			
全黑豆、全酸豆、霉豆、外来物、果荚、严重虫蛀豆				局部黑豆、局部酸豆、缩水豆、贝壳豆、轻微虫蛀豆、破损豆、浮豆、萎缩豆、带壳豆、果皮			
计分标准							
一个瑕疵单位所含瑕疵数量							
名称	数量	名称	数量	名称	数量	名称	数量
全黑豆	1	外来物	1	带壳豆	5	浮豆	5
全酸豆	1	局部黑豆	3	果皮	5	贝壳豆	5
霉豆	1	局部酸豆	3	萎缩豆	5	缩水豆	5

果荚	1	严重虫蛀豆	5	破损豆	5	轻微虫蛀豆	10

1. 如果同时出现两种或者以上缺陷，那么按较严重者处理（比如出现了局部酸豆和两个虫洞，那么以局部酸豆为缺陷计入分级）。
2. 瑕疵单位颗粒数对不同的缺陷满足条件不同（比如全黑豆，有1个就算作一个一类缺陷，2个就算作两个一类缺陷；严重虫蛀豆是以5个为一个单位计数，如果少于5个，那么不算作一个一类缺陷，如果不少于5个但少于10个，那么算作一个一类缺陷。依此类推，在二类缺陷中，局部酸豆或者局部黑豆是以3个为一个单位计数，轻微虫蛀是以10个为一个单位计数，其余的都是以5个为一个单位计数）

4.3 – 各国的分级方法

（1）埃塞俄比亚

分级标准：根据每300克咖啡生豆中含有的瑕疵豆数量而定（最高标准G1等级不得超过3颗瑕疵豆，其次G2等级允许含有4～12颗瑕疵豆）。

表4-4　埃塞俄比亚咖啡豆分级法

等级	瑕疵数量（300克）	说明
G1	0～3	精品咖啡豆，最高等级
G2	4～12	精品咖啡豆
G3	13～25	品质咖啡豆，价格比较有优势
G4	26～45	商业咖啡豆
G5	46～90	低于标准，酸度高，通常用于速溶咖啡或作为饲料

（2）肯尼亚

分级标准：根据咖啡豆大小进行分级。虽然豆子大小不是决定品质风味的唯一标准，但的确是一个极具参考性的重要指标。豆子长得大且曲线优美，通常表示咖啡生长得健壮，最能展现美好的风味。

表4-5　肯尼亚咖啡豆分级法

等级	咖啡豆大小（目）	说明
E	>18	特殊豆——象豆，数量稀少，是发育异常的两粒种子相互缠绕，形成一颗巨大豆，价格非常贵
AA	17～18	精品咖啡豆
AB	15～16	A级和B级的混合豆子，价格优惠
C	12～14	商业豆，小颗粒豆子
PB	/	特殊豆——小圆豆，具有特别风味，豆子比较小粒，价格贵
TT	15～18	豆子软，是从AA、AB级中经过气流分选机筛选出来的轻豆，硬度不达标
T	<12	通常是小豆、瑕疵豆。低于标准，主要用于速溶咖啡和咖啡饮料
MH/ML	/	掉在地上的咖啡豆，品质不佳，酸度过高，一般用作饲料或肥料

（3）巴西

分级标准：巴西采用NY分级法，以颗粒大小、瑕疵率、杯测分数来划分咖啡豆等级。按照此标准，完全没有瑕疵的豆子等级最高（NY.1），但这是完全无法达到的，所以在巴西的咖啡生豆中，最好的是NY.2。

表4-6　巴西咖啡豆按豆目大小NY分级法

等级	品质
NY.2	17～18目，FC
NY.2/3	14～16目，FC
NY.3/4	DD Quality
NY.4/5	14～16目，GC

表4-7　巴西咖啡豆按瑕疵率NY分级法

等级	瑕疵数量（每300克）
NY.2	6
NY.2/3	9
NY.3	13
NY.3/4	21
NY.4	30
NY.4/5	45
NY.5	60
NY.5/6	＞60

（4）哥伦比亚

分级标准：根据咖啡目数大小标准来分级，与肯尼亚的咖啡豆分级雷同。一般烘焙工厂都喜欢选用大颗粒的生豆，烘焙过程中展现的风味也会更加明显，也更易与其他生产国的生豆拼配。豆子颗粒越大，价格越贵，最小的豆子通常会被用于制作速溶咖啡和咖啡饮料。哥伦比亚的咖啡生豆一共有

5个等级，最高等级为Supreme Screen 18+，即精品级别咖啡豆，最低等级为Usual Good Quality。

表4-8　哥伦比亚咖啡豆分级法

等级	标准
Supreme Screen 18+	95%在18目以上
Supreme	95%在17目以上
Excelso Extra	95%在16目以上
Excelso EP	14～16目
Usual Good Quality	14目以上

（5）印度尼西亚

分级标准：以瑕疵数量为主、咖啡豆颗粒大小为辅进行分级。另外，印度尼西亚对精品级别的咖啡豆还会进行手工筛选，在标识上体现为Double Picked（二次手选）或Triple Picked（三次手选）。原因在于印度尼西亚多采用湿刨法进行处理，在过程中容易出现坏豆，手选次数越多，咖啡的品质就越好。

表4-9　印度尼西亚咖啡豆分级法

等级	瑕疵数量（每300克）
G1	<11
G2	11～25
G3	26～44
G4a	45～60
G4b	61～80
G5	81～150
G6	151～225

（6）哥斯达黎加、萨尔瓦多、洪都拉斯、危地马拉

分级标准：中南美洲很多咖啡生产国根据咖啡生豆硬度来确定等级标准。因为海拔越高、日夜温差越大的地方，咖啡生长期越长，豆子越坚硬，吸收的养分越多，风味会更明显。据此标准，最高的等级为SHB，说明豆子风味干净，果香特征特别突出。

表4-10　哥斯达黎加咖啡豆分级法

等级	海拔（米）
Strictly Hard Bean（SHB）	>1200
Good Hard Bean（GHB）	1000～1200
Medium Hard Bean（MHB）	<1000

表4-11　萨尔瓦多、洪都拉斯咖啡豆分级法

等级	海拔（米）
Strictly Hard Bean（SHB）	>1200
Hard Bean（HB）	900～1200
Central Standard（CS）	500～900

表4-12　危地马拉咖啡豆分级法

等级	海拔（米）
Strictly Hard Bean（SHB）	1600～1700
Fine Hard Bean（FHB）	1500～1600
Hard Bean（HB）	1350～1500

（7）中国云南

分级标准：按照SCAA（Specialty Coffee Association of America）标准分为两类：精品、败豆。

精品：精品级别要求没有一类瑕疵。例如，全黑豆、全酸豆、干豆荚、霉菌豆、含有异物、严重虫蛀……这些都属于一类瑕疵。

败豆：指生豆在烘焙后，颜色明显浅于正常咖啡豆或发育不完全的豆子。

4.4 - 瑕疵豆

健康的咖啡树所产的豆子取出后，经水洗、日晒、发酵、干燥和去壳，若整个制作过程无缺陷，豆色应为蓝绿、浅绿或黄绿色，这些都是预示咖啡豆健康又美味的色泽。水洗与半水洗的豆色偏蓝绿或淡绿，日晒豆偏黄绿，如果出现其他碍眼的色泽或斑点，即为瑕疵豆警讯。瑕疵豆无所不在，即使是精品级的生豆，也可能从中挑出漏网的瑕疵品。

（1）瑕疵豆的产生

咖啡豆是一种农产品，从种植、采收、处理到运输、储存、烘焙和销售，在到达我们手中之前，会经历诸多环节，而任何环节都有出现"瑕疵"的可能。

例如：种植时，出现干旱、洪涝、病虫害，或施肥不到位导致营养不良；采收时，果实未成熟就采摘，或过于成熟而掉落在地上很久；采收后，要立即处理，稍有拖延就会发酵过度而酸败；咖啡去除果肉太晚或未去除干净，切割时不慎碾压了豆子；存放时，因为湿度太大而霉变……

（2）瑕疵豆的种类

瑕疵豆分为一类瑕疵和二类瑕疵。

一类瑕疵：指会给咖啡风味带来严重影响的因素，如烂豆、全黑豆、严重虫蛀豆、含有异物、霉豆……

二类瑕疵：如空壳豆、轻微虫蛀豆、带壳豆、破损豆……

✿ 未成熟豆

未成熟的生豆外观并无明显异状，不易事先挑除，却常在咖啡烘焙后现出原形，外表苍白至绿黄色，银皮紧贴。个头较小，豆体内陷，边缘比较锐利。未成熟豆主要为青草味、麦秆味。

未成熟豆主要是在种植过程中产生，比如：采摘时机不恰当、在高海拔地区种植晚熟的咖啡品种。

☺ 改善措施

由于未成熟豆的果肉（皮）与咖啡豆黏得较紧密，所以在去果皮时，可能仅仅去除小部分果皮或整个咖啡果被漏掉。在去果皮后，可以通过筛网快速去除未成熟豆。在干燥后，也可以通过比重机来去除未成熟豆。需要注意的是，由于未成熟豆在颜色上跟正常生豆没有明显差异，所以用色选机反而无法去除。

✿ 破损豆

生豆外观呈现破裂、破碎等机械性破坏伤口，有时边缘会呈现黑色。如果霉变，则有明显的土霉味、脏味、酸味和发酵味。

破损豆的成因是，在处理过程中去果皮机或者去壳机调校不当导致豆子被挤压损伤或者割伤。在水洗处理时，破损口比较容易感染霉菌和氧化，一般都会变成深褐色或者黑色。在日晒处理时，破损口一般是在干果去壳时造成的，一般比较干净没有氧化的痕迹。

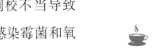

☻ 改善措施

避免采摘未成熟的咖啡果（因为未成熟的咖啡果不容易去除果肉）；细心调校去果皮机和去壳机，可以减少此类瑕疵的产生；小的破损豆可以用比重机和筛网去除，大的破损豆就得用色选机或手选的方式去除了。

🫘 贝壳豆

贝壳豆有两部分，外部呈贝壳形，内部呈锥形或柱形。有时候，生豆中的贝壳豆的两部分比较紧密地依附在一起，这种情况就算作1个贝壳豆，如果已经分开就算是2个。大部分贝壳豆在烘焙后都会分离成两部分，而且外边质地较轻的那部分"贝壳"更容易被烤焦。

贝壳豆一般为呛人的焦味，主要是由于贝壳豆密度小，非常容易被烘焙过程中的高温烤焦甚至燃烧。

贝壳豆多是由于品种基因造成，常见于肯尼亚SL28、SL34品种。

☻ 改善措施

去壳时，利用比重机去除贝壳豆。

🫘 黑豆

黑豆最显著的特征是其外观为不透明黑色，按照黑的部分占整颗咖啡豆比例不同分为全黑与局部黑豆。当黑的区域小于豆体50%，那么就作为局部黑豆处理，否则就作为全黑豆处理。

黑豆会产生发酵味，或臭味，或像医院消毒水的味道。而且黑豆中含有赭曲霉毒素，会危害人的肝和肾。

黑豆的成因有多种，首先是被一种有机病菌Colletotrichum Coffeanum（咖啡刺盘孢）感染所致。最早发现于非洲，目前中南美洲部分产区也出现病例。其次是咖啡果成熟期水分供给不足，影响植物代谢所致。最后是采摘的未成熟豆被高温干燥（高于30℃）所致。

☻ 改善措施

在采集时，挑选成熟的咖啡果；在处理过程中，防止过度发酵。黑豆去壳后很容易被分辨，通常比正常豆小，而且质地要轻一些，部分黑豆可以通过筛网或比重筛选机来去除，而最有效的方式还是手选或者机械色选。

🫘 虫蛀豆

虫蛀豆的表面有小孔洞（直径0.3～1.5毫米），而且由于虫子钻进钻出，一般正反面都会有洞，严重的虫蛀豆有时会几个小洞连成一片，而且跟破损豆一样由于豆体被损坏，很容易在虫蛀的区域产生氧化以及霉菌感染。

虫蛀豆分为严重虫蛀豆与轻微虫蛀豆。严重虫蛀豆：豆体上有3个或多于3个虫洞。轻微虫蛀豆：豆体上少于3个虫洞。虫蛀豆一般带有脏味、酸味、酚味或霉味。

虫蛀豆都是在种植过程中产生的。咖啡甲虫会钻进咖啡豆中产卵，然后虫卵会寄生在咖啡豆中，吸收咖啡豆的营养。虫蛀豆的虫洞一般是成对出现的（一进一出）。

😊 改善措施

去壳后，虫蛀豆很容易被辨别，大部分严重虫蛀豆都可以用比重机来剔除。如果虫蛀感染比较严重，就需要通过手选来进一步剔除。

什 么 是 精 品 咖 啡

5.1 - 精品咖啡的起源

"精品咖啡"这个名词出现在1978年，因努森咖啡公司的努森女士在国际咖啡会议上使用而开始流传。精品咖啡是指特别的气候与地理条件下培育出的具有独特香味的咖啡豆。

努森最早是在旧金山的一家咖啡公司（B.C. Ireland）担任执行秘书。当时她发现该公司进口的罗布斯塔豆大量销售给知名的通用食品（General Foods）与席尔斯兄弟（Hills Bros.）公司。这些公司以经营商业咖啡为主，将罗布斯塔豆搀入产品中，制成罐装或速溶咖啡，再以密集的广告营销全美。

那时，该公司虽然也进口优质的阿拉比卡豆，但需求量少得可怜。努森试着将这些优质豆推销给当地的小型烘焙商，结果相当顺利。努森接着用心推广少量交易的精品咖啡，成就非凡，最后甚至登上总裁的宝座。

其实，精品咖啡的概念并不是努森所创造的，它起源于100多年前的一种咖啡经营模式。在19世纪与20世纪交替之际，一些懂咖啡的家传老店都在销售足以自傲的高级豆，老师傅在柜台后面亲自烘焙豆子，然后立即从前面卖出去，因此顾客拿到的保证都是新鲜的好咖啡。不过，由于工业革命的成功，人们从家庭走入工厂与办公室，生活步调变得紧张而繁忙，一切开始追求便利与快速，再加上商业咖啡的全国性商业广告具有强烈的声光诱惑，于是精品咖啡渐渐被忘记，直到20世纪70年代之后，才被一群有心人士唤起，并快速提高市场占有率。

5.2 - 精品咖啡的标准

精品咖啡还没有严格的标准，原因在于制定标准的单位是各国的精品咖啡协会，而每年的标准又都在改变、进化。

（1）美国精品咖啡协会标准

是否具有丰富的干香气（Fragrance）：所谓干香气，是指咖啡烘焙后或者研磨后的香气。

是否具有丰富的湿香气（Aroma）：湿香气是指咖啡萃取液的香气。

是否具有丰富的酸度（Acidity）：是指咖啡的酸味，丰富的酸味和糖分结合能够增加咖啡液的甘甜味。

是否具有丰富的醇厚度（Body）：是指咖啡液的浓度与重量感。

是否具有丰富的余韵（Aftertaste）：是指咖啡的余韵，根据喝下或者吐出后的风味如何作评价。

是否具有丰富的滋味（Flavor）：是指以上腭感受咖啡液的香气与味道，了解咖啡的滋味。

味道是否平衡：是指咖啡各种味道之间的均衡度和结合度。

（2）生产国评价标准

精品咖啡的品种。以阿拉比卡固有品种帝比卡或者波旁品种为佳。

栽培地或者农场的海拔高度、地形、气候、土壤、精制法是否明确。一般而言，高海拔产地的咖啡品质较高，土壤以肥沃火山土为佳。

采用的采收法和精制法。一般而言，采用人工采收办法和水洗式精制法为佳。

（3）欧洲精品咖啡协会（SCAE）标准

"高标准的选豆、精湛的烘焙技术和冲煮技术"，侧重咖啡本身的生产流程和专业技艺。

（4）日本精品咖啡协会（SCAJ）标准

"消费者喝到风味绝佳、愿给好评的咖啡，而且让消费者感到满意。"风味绝佳，指的是该咖啡风味能让人留下深刻印象，有特殊感。

5.3 - 精品咖啡的概念

前面提到的分级方式，是咖啡生产国本身采用的品质规格，这些规格同时也是咖啡消费国用来评价咖啡的基准，不论是Supremo（特选级）、AA还是SHB，都是用来判断咖啡品质的指标。但是从这些生产国的品质规格只能看出有无瑕疵豆、咖啡豆外观如何，却无法了解"咖啡的风味如何""酸味和醇厚度如何"等这些咖啡的味道特征。而以味觉来评价咖啡等级，因各民族的饮食文化以及个人喜好而有所差异。

精品级与一般商业级咖啡最大的区别，在于前者已尽量剔除瑕疵豆，后者则充斥瑕疵豆，售价愈低，烂豆比率愈高，杂苦味也愈重，不加糖难以入口。瑕疵豆在烘焙前很容易辨识，一旦进炉烘焙，就不太容易认出，这让投机者有了掺混的空间。

精品咖啡的优势在于，首先几乎没有瑕疵豆，豆质肥厚，外表均匀，酸味丰富，具适中的醇厚度与丰富的香味。精品咖啡对于品种也有特别的要求，譬如固有品种帝比卡、波旁、卡杜拉，其与其他品种的杂交种，只要血统明确并达到相应标准，都可以认为是精品咖啡。

于是，人们必然开始追求"血统明确的咖啡"，即品种明确，生产地区、庄园、生产者明确，咖啡的种植方式明确，所有资讯都公之于世。相反，那些"出身"不明的咖啡，会被认为不值一提。与平常喝的商务咖啡相比，精品咖啡多了繁复的栽培与精制程序。以葡萄酒来比喻，商务咖啡就是日常餐酒，而精品咖啡就是AOC葡萄酒。不过，"非精品咖啡就不算是咖啡"这种极端想法是不正确的。

人们对于精品咖啡的概念，尽管各有差异，但并不意味着没有共识。想成为精品咖啡，必须跨越若干障碍，其中一项就是具有明确的"可追踪性"，也就是必须有明确的"生产履历"，写清楚咖啡豆产于哪个国家、哪个地区、哪个庄园。

另一重要条件就是必须接受"香味鉴定"，也就是"杯测"，类似于葡萄酒的"品酒"。概括来说，就是如果没有经过杯测进行香味鉴定且没有获得一定的鉴定资格（是否表现出产地特有的风味），就称不上是"精品咖啡"。

5.4 – 从不同角度看精品咖啡

（1）从品种看

咖啡的品种主要有阿拉比卡与罗布斯塔两种，前者生长于凉爽的高地，风味较佳，约占世界咖啡产量的7成，是精品咖啡的主要来源；后者生长于低海拔地区，抗病力强，但是风味不佳，有一股怪味，约占世界咖啡产量的30%。然而，并非所有的阿拉比卡豆都是精品咖啡，只有少数高级豆来自高山地区，或经过严格的挑选与分级，质地坚硬、口感丰富、风味特佳，才能算是精品咖啡，大约只占全球咖啡产量的10%而已。至于罗布斯塔豆，则几乎全数打入商业咖啡市场，只有极少数的优良豆子可以算是精品咖啡。

（2）从处理方式看

由于咖啡果实的成熟时间不同，好的咖啡一定要分3～6次以手工采收。在处理的过程中，不论采用日晒法还是水洗法，必然得小心翼翼。所制成的咖啡生豆也得再经过严格的挑选、分级，以确保其质量的稳定性。因此，有些地区虽然风土条件佳，能产出优良的咖啡，但若处理不当或只是挑剩的次级品，都不能归类于精品咖啡。

（3）从烘焙方式看

生豆的年份、种类、室温、含水率和烘焙的温度有相当密切的关系。一般来说，精品咖啡通常采用少量烘焙，事先须有严格的测试与分析，再由师傅全程看顾，待烘到最佳状态才会停止。这样一来，咖啡豆的里外都能均匀熟透，可确保质量的完美。相反，商业咖啡则采用大量烘焙，目的在于将生豆烤成咖啡色，让人们对其有咖啡的认知而已。

（4）从新鲜度看

新鲜的咖啡才算得上是精品咖啡，这已是不争的事实。这里所说的"新鲜"是指烘焙后的新鲜，而不是指生豆采收后的新鲜。咖啡豆在烘焙之后，在1～7天之内风味发展到高峰，是最好喝的时候。一旦存放时间过久，咖啡将自然衰败，且遭受氧化，风味自然大不如前。因此，新鲜是好咖啡的基本标准，不够新鲜的咖啡绝不能说是精品咖啡。

（5）从销售方式看

精品咖啡专卖店一般都会销售全豆，让客户带回家自行研磨。由于咖啡豆的新鲜度很重要，因此，烘焙的日期都应保持在7天以内，这样才能煮出好咖啡。相反，商业咖啡则以铁罐、玻璃罐或塑料袋来包装较差的咖啡豆、咖啡粉或速溶咖啡，让它在货架上慢慢等待不小心上门的顾客。一般来说，若精品咖啡专卖店也卖咖啡饮料，则一定会使用新鲜的豆子，现磨现

煮，端出一杯新鲜又好喝的咖啡；若使用不新鲜又差劲的豆子，虽有华丽的包装，也不能说是精品咖啡。

（6）从商品名称看

好咖啡都有自己的特色，不甘于只被叫做"咖啡"。因此，为了彰显各种特有的风格，好咖啡都有自己的名号，例如：牙买加的蓝山（Blue Mountain）、埃塞俄比亚的耶加雪菲（Yirgacheff）、印度尼西亚的苏拉威西（Sulawesi）、危地马拉的安提瓜（Antiqua）、夏威夷的科纳（Kona）等。

5.5 - 精品咖啡面面观

（1）精品咖啡豆的特征

精品咖啡豆必须是无瑕疵豆的优质豆子。它要具有出众的风味，不是"没有坏的味道"，而是"味道特别好"。

精品咖啡豆必须是优良的品种，诸如原始的波旁种、摩卡种、帝比卡种，这些树种所生产的咖啡豆具有独特的香气及风味，远非其他树种所能比，但是相对产量要低。

精品咖啡豆对生长环境也有较高要求。一般生长在海拔1500米甚至2000米以上的地区，要求具备合适的降水、日照、气温、土壤条件。

精品咖啡豆的采收最好采用人工采收的方式，只采摘成熟的咖啡果，防止成熟度不一致的咖啡果同时采摘。因为那些未熟的或熟过头的果实都会影响咖啡味道的均衡性和稳定性，所以精品咖啡在收获期需要频繁细密地进行手工采摘。

精品咖啡豆有严格的分级制度，需达到80分以上才能算是精品豆。

（2）市场上精品咖啡的分类

精品咖啡分为两大类：第一是拼配咖啡，是指由烘焙师将不同产地的咖啡豆混合而成，做出更平衡的口味，带有烘焙师或咖啡师的风格，口感更平衡、顺口，更大众化。第二是单品咖啡，是指由原产地出产的单一咖啡豆磨制而成，饮用时一般不添加糖或奶的纯正咖啡。单品的重要特征是可追溯源头，让咖啡爱好者可了解这类高品质咖啡的产地、豆种等。

（3）为什么精品咖啡喝起来是酸的

因为很多精品咖啡豆的风味特色都很突出，比如耶加雪菲的柑橘、茉莉风味，瑰夏的花蜜香气等，所以精品咖啡普遍会选择较浅的烘焙度，这样可以让风味更大限度地保留下来。烘焙程度越浅，酸度就会越高，这就是为什么很多精品咖啡喝起来是酸酸的。

（4）酸味咖啡就是精品咖啡吗？

不是！精品咖啡的标准对咖啡豆的品种，种植地的海拔高度、气候、水土环境，处理工艺，生豆瑕疵率，烘焙工艺，萃取方法等很多维度都有着严格的要求。一杯好喝的精品咖啡应该"入口以甜为主，伴有让人愉悦的酸，少苦，甚至不苦"。

咖 啡 烘 焙

6.1 - 烘焙是什么

咖啡烘焙是指通过对生豆的加热，使生豆中的淀粉经高温转化为糖和酸性物质，纤维素等物质会被不同程度地碳化，水分和二氧化碳会挥发掉，蛋白质会转化成酶和脂肪，剩余物质会结合在一起，在咖啡豆表面形成油膜层，并在此过程中生成咖啡的酸、苦、甘等多种味道，形成醇度和色调，将生豆转化为深褐色原豆的过程。

可以说，咖啡烘焙是一种高温的焦化作用，它彻底改变生豆内部的物质，产生新的化合物，并重新组合，形成香气与醇度。这种作用只会在高温的时候发生，如果只使用低温，则无法产生分解作用，不管烘多久都烘不熟咖啡豆。

一般人以为烘焙没什么技术，只是用火将生豆煎熟而已。事实上，由于烘焙过程中温度、热量等各种微小的变化便可改变豆子的味道，不同的豆子又具有不同的特点，而且烘焙是一项在短时间内快速操作的工作，所以在咖啡的处理过程中，烘焙是最难的一个步骤，它是一种科学，也是一种艺术。

在烘焙过程中，咖啡豆内的发展通常会慢于豆表的发展。所以，烘焙师需要有技巧地管理烘焙进程，让豆内达到充分发展时，豆表正好达到应有的色泽。理想状况下，咖啡豆的内外色差在浅烘焙时差异甚微，烘焙度越深，可接受的色差范围越大，如此做法可让豆芯发展达到特定的最低程度。

6.2 - 烘焙中咖啡豆的反应及变化

咖啡生豆中有300多种化合物，这些物质在不同温度时发生的化学反应也不同。烘焙过程中产生的新物质也会参加化学反应，从而使得其反应过程更加复杂。

这一系列的变化导致：

① 当豆子内部释放化学反应生成气体和水蒸气时，会发生爆响。

② 咖啡豆质量减少：主要是水分与物质（例如：银皮）流失引起的。

③ 豆身颜色上的改变：绿色—黄色—棕褐色—褐色—黑色。

④ 豆子体积增加1.2~1.9倍，所以豆子容重（密度）降低到将近原来的一半。

⑤ 萃取咖啡液的pH值将越来越显酸性。

⑥ 产生800种以上芳香化合物和很多溶解物质。

⑦ 在高温下豆子携带的绝大多数病菌和微生物都会死亡。

⑧ 经过烘焙后，咖啡豆的细胞壁被破坏，里面的物质更容易被萃取出来。

在这一系列化学反应中，对咖啡风味产生重要影响的主要是美拉德反应和焦糖化反应。这些反应发生的温度区间有所不同，粗略来说，温度在150℃以上才会明显发生。

（1）美拉德反应

美拉德反应是吸热反应，是羰基化合物（还原糖类）和氨基化合物（氨基酸和蛋白质）间的反应，经过复杂的历程最终生成棕色甚至是黑色的大分子物质类黑精或称拟黑素，所以又称羰氨反应。咖啡烘焙过程中都伴随着美拉德反应。

（2）焦糖化反应

糖类尤其是单糖在没有氨基化合物存在的情况下，加热到熔点以上的高温（一般是170℃以上）时，因糖发生脱水与降解，也会发生褐变反应，这种反应称为焦糖化反应，又称卡拉蜜尔作用。焦糖化反应越深，豆子颜色越深，并产生果香、焦糖香以及坚果香气。

美拉德反应和焦糖化反应会使咖啡豆由甜变得越来越苦。

6.3 - 烘焙阶段

我们将烘焙过程分为蒸焙、脱水、发展、冷却四个阶段。也有人将蒸焙和脱水阶段合并称为脱水阶段，下面将分别介绍。

（1）蒸焙阶段

当生豆被加热时，内部的水分逐渐蒸发，大概到135℃时，生豆由绿色开始变浅，直至变白。

（2）脱水阶段

随着加热进行，生豆变成浅黄色，温度高达160℃左右时，会散发出青草味或烘焙谷物的香气。烘焙几分钟后，咖啡豆开始上色或呈浅棕色，也就是到了经常被疏忽的脱水阶段。在这个阶段，糖类会分解形成多种有机酸，而豆子也开始释放水蒸气并膨胀，这种颜色与香气的转变主要是由于美拉德反应的作用。由于豆子伸展变大，银皮便脱落下来。与此同时，烟味也开始发展起来。在此阶段，如果风门使用不当，便会使咖啡产生让人不悦的烟火味。更可怕的是，如果脱落的银皮在烘焙机内部堆积，容易造成火灾。豆温在170℃以上时，焦糖化反应开始将糖类降解，少了糖类原料的美拉德反应因此减慢。焦糖化反应会加深豆子的褐色，并生成果香、焦糖香及坚果香气。

（3）发展阶段

从一爆到烘焙结束这段时间，我们称之为发展阶段，咖啡的主要风味特征就是在这一阶段形成的。根据爆裂先后顺序，我们将其分为一爆和二爆。

☕ 一爆

随着热量不断被吸收，咖啡豆内积聚了越来越多的以水蒸气为主的气体，这导致咖啡豆内的压力远超外界大气压，当咖啡豆结构无法承受此压力的时候，咖啡豆结构发生变化，气体逃离咖啡豆。脱水完成之后，由于内部受热膨胀造成细胞壁破裂形成一爆，这时豆子内会发生一系列热分解反应，其中焦糖化反应会带来咖啡豆的甜度、深褐色和醇度。一爆会持续一分钟左右。一爆的时候，豆表温度在一定时间内降低，这是因为大量的水蒸气释放使豆表温度降低了。

一爆的前一刻，豆子的温度上升率（TROR）变得平缓。也就是说，当火力不变，如果你发现每分钟温度差值越来越小，或者升温越来越慢，那么，一爆就要来啦。

☕ 二爆

在一爆结束后会有一段安静的间歇期，在此期间，豆芯的二氧化碳压力开始重新积累。热解及一爆造成的损伤会弱化豆子的纤维素结构。这样的压力足以让油脂移动到豆表。大约就在豆表出现第一个油滴时，第二次爆响突然袭来，二氧化碳以及豆芯的油脂通过压力释放出来。此时豆子内部会发生更剧烈的反应，释放出大量的热。随着二爆的结束，这时生豆基本上已经变黑，豆体膨胀到原来的1.5倍左右，表面出油，质量减少12%～20%。二爆会摧毁许多咖啡豆的特色。焦糖化反应与热解会产生厚重的烘焙风味。

（4）冷却阶段

达到预期烘焙度时，一定要立即冷却，冷却过程一定要迅速，因为咖啡熟豆刚出炉的时候温度很高，其内部仍然发生复杂的化学反应，需要迅速停止高温裂解作用，将风味锁住。冷却的方法有两种，一种为气冷式，一种为水冷式。气冷式需要大量的冷空气，在3～5分钟之内迅速为咖啡豆降温。气冷式速度比较慢，但干净无污染，能保留咖啡的香醇风味。水冷式的做法是在咖啡豆的表面喷上一层水雾，让温度迅速下降。由于喷水量的多少很重要，需要精密计算与控制，而且会增加烘焙豆的重量，一般用于大型的商业烘焙。

6.4 – 烘焙分类

（1）浅度烘焙

当豆子体积膨胀，同时发出第一声轻响时，颜色转变为可口的肉桂色，所以又称为肉桂色烘焙或半市（Half-city）烘焙。经过这种烘焙的咖啡豆通常会有酸味，质感和口感都尚未充分发挥，因此一般都作为罐装咖啡使用。

（2）中度烘焙

中度烘焙简称中焙。烘焙10～11分钟时，咖啡豆呈现褐色。纽约人喜欢在早餐时用中焙咖啡豆，加上香浓的牛奶和糖，因此，这种烘焙法又叫早餐式（Breakfast）烘焙或城市（City）烘焙。中焙能保存咖啡豆的原味，又可以适度释放芳香；如蓝山、哥伦比亚、巴西等单品咖啡多选择这种烘焙方法。

（3）深度烘焙

咖啡烘焙12～16分钟时，油脂开始浮出表面，豆子被烈火烫烧出油亮的深褐色，又称为深城市（Full City）烘焙。这时咖啡的酸、甜、苦味达到最完美的平衡点，咖啡豆的特性也被线条分明地刻画出来。

从烘焙程度来看，烘焙程度越深，苦味越浓，烘焙程度越低，酸味就越高，选择何种烘焙程度，要看咖啡豆本身的特性，对于本身苦味较强和酸味较低的咖啡豆，一般都选用浅度或中度烘焙。

深度烘焙意味着将会损失咖啡豆的大部分风味，但是，某些咖啡豆进行深度烘焙时会衍生出新的品质，如墨西哥咖啡豆在深度烘焙时会产生一种甜味。一些咖啡豆深度烘焙后，会保留酸味和水果味，如危地马拉安提瓜咖啡豆，这是很难得的。而有的咖啡豆在深度烘焙时，将会失去酸性，并且容易变为糖糊状，如苏门答腊咖啡豆。

这三种烘焙又可细分为八个阶段。

表6-1　烘焙阶段一览表

烘焙阶段	程度	下豆时间	风味
浅烘焙（Light Roast）	轻	一爆开始前后	豆表呈淡肉桂色，具有浓厚的青草味，口感与香气不足，一般用于试验，很少做品尝用
肉桂色烘焙（Cinnamon Roast）	轻	一爆开始至密集	豆表呈肉桂色，此时青草味已除，酸质强烈，略带香气，常用来冲泡美式咖啡
中度烘焙（Medium Roast）	中度	一爆密集至结束间	豆表呈栗子色，口感清淡，偏酸带苦，香气适中，保留咖啡豆原始风味，常做美式咖啡或混合咖啡之用

（续表）

烘焙阶段	程度	下豆时间	风味
深度烘焙 （High Roast）	中度 （微深）	一爆结束	豆表呈浅红褐色，口感清爽丰富，酸苦均衡不刺激，且略带甜味，香气风味均佳，蓝山、乞力马扎罗咖啡均适合此法，此烘焙程度为日本、中北欧人士所喜爱
城市烘焙 （City Roast）	中度 （深）	一爆结束	豆表呈浅棕色，口感明亮活泼、酸苦平衡，酸质偏淡，且能释放咖啡中优质的风味，是标准的程度，是大众最喜爱的程度。巴西、哥伦比亚咖啡均适合此烘焙程度，常使用于法式咖啡
深城市烘焙 （Full City Roast）	微深度	一爆结束至二爆之间	豆表呈褐色，口感沉稳饱满，苦味较酸味强劲，余韵回甘，香气饱满，为中南美式烘焙法，多做冰咖啡、黑咖啡使用
法式烘焙 （French Roast）	深度	二爆密集至二爆结束	豆表呈深褐色带黑，口感强劲浓烈，苦味较浓，酸味清淡近乎无感觉，带有浓郁的巧克力与烟熏香气，在欧洲尤其是法国最为盛行，多做维也纳咖啡之用
意式烘焙 （Italian Roast）	重深度	二爆结束至豆表转黑出油	豆表呈黑色泛油光，口感强烈复杂，苦味强劲，带有浓厚的煎焙味与焦香，主要流行于拉丁国家与意大利，多做意式咖啡之用

6.5 – 烘焙工具

（1）烘焙机烘焙

✦ 直火式

顾名思义，直火式烘焙是利用火焰直接对咖啡豆进行加热。演变至今，直火式的"火"除了一般的火焰（包括瓦斯炉的火和炭火）之外，还包括了红外线和电热管。锅炉侧边的外壁有孔洞，火可以直接接触咖啡豆。

优点：烘焙时间较长，焦糖化反应比较充分，味道比较丰富。

缺点：容易造成烘焙不均，火候控制不好的话还容易烧焦咖啡豆，形成焦苦味。

味道特点：甘苦和酸香较热风式深厚，醇度较高，口感柔滑，但咖啡豆的干香较弱。有时烘焙较浅，咖啡豆就会产生浓重的青草味。

人类最早使用的烘焙工具，都是直火式，即用火烤热滚筒，再传热给筒内的生豆。虽然马达不停转动滚筒，翻搅筒内的咖啡豆，企图让每粒咖啡豆都能平均碰触炽热的铁壁，达到均衡烘焙的目的，但是这种烘焙方法仍有很多缺点：铁的导热速度不快，必须花费较长时间来完成烘焙；火烧滚筒的外部，热气却消散于空气中，未能充分利用，十分可惜；当生豆碰触滚筒内壁过久时，容易被烧焦，产生苦味和焦味；烘焙时，有许多碎屑进出，留在筒内易附着在咖啡豆的表面，将使风味变得混沌。

✦ 热风式

热风式烘焙没有火源，热风通过导管进入锅炉内，作为加热源对咖啡豆进行烘焙。这种方式加热相对均匀、稳定，控温更容易，也不会有蓄热升温的问题，相比直火式更为简单。以强力高温热气流来烘焙咖啡豆，省时且快速，咖啡风味较为干净且明亮。

热风式烘焙机利用鼓风机吸入空气，再让空气通过一个加热线圈使其温度升高，利用热风作为加热源来烘焙咖啡豆。热风式不但可以提供烘焙时所需要的温度，也可以利用气流的力量翻搅咖啡豆，一举两得。现在市场上出现了一种专业的热风式烘焙机，是将电动的翻滚烘焙室和热流相结合，使烘焙时咖啡豆受热更加均匀。

优点：热效率高，加热快，生豆的受热比较均匀，易控制。

缺点：因为加热效率高，容易导致升温过快，造成豆子"生芯"，就是所谓的夹生，而且温度升得过高，容易使咖啡的焦糖化反应不够充分。

味道特点：酸度明显，味道比较干净单纯，但是味道不够丰富缺乏深度，而且深度烘焙容易产生刺激性气味。

20世纪，有人想到用热风烘焙咖啡豆，这样少了铁的阻隔，热源能更直接地传给生豆，提高烘焙效率。1934年，美国的柏恩公司所制造的瑟门罗烘焙机（Jabez Burns Thermalo），即一种大型的热风式机种，至今美国有一些大型的烘焙厂仍在使用该公司制造的烘焙机。热风式烘焙机仍然采用滚筒式设计，借由滚转翻动生豆，以达到均衡烘焙的目的。后来，有人想到用热风吹动生豆，让它上下飘动，打破滚筒的概念。1976年，美国人麦可·施维兹设计出风床式烘焙机。他在一个密闭的容器内，让热空气由下往上吹，使生豆在容器内上下飘动，直到烘焙完成时，才倒入容器外的冷却盘进行冷却。在澳大利亚，知名的咖啡专家伊昂·柏思坦也有类似的设计与制造。在一般的烘焙过程中，豆内的水分被蒸发得越来越少，质量也变得越来越轻。若使用这种烘焙机，质量重的会较快落下，再度接受热风的烘焙，如此反复上下，即能烘焙出均匀的咖啡豆。

半热风式

半热风式烘焙就是依靠热传导、热对流的烘豆机来进行烘焙。采用半热风式的烘豆机，孔洞设计在锅炉的尾端。火源不会直接接触咖啡豆，且尾端小孔洞可以引导热气流进炉中，热风就能让咖啡豆均匀受热，同时还有锅炉热接触传导，能够进行均匀烘焙。其在火候控制上比直火式方便，烘焙出来的咖啡豆余味悠长。

这是结合直火式和热风式的优点的烘焙方式，为目前商用咖啡机的主流。半热风式烘焙其实与直火式烘焙比较类似，但是因为烘焙容器的外壁没有孔洞，所以火焰不会直接接触咖啡豆。除此之外，还要加上抽风和排风的设备，将烘焙容器外面的热空气导入烘焙室中提升烘焙效率。这个抽风和排风的设备的另一个功能就是将咖啡豆脱落的银皮吸出来，避免银皮堆积烘焙室因高温而燃烧，导致影响咖啡豆的味道。这种烘焙机兼具热风式和直火式的优点，通过对热风和烘焙室转速的调节来改变其加热方式。热风开得越大，转速越快，就越接近热风式，反之则接近直火式。

味道特点：烘焙出的咖啡豆味道比较丰富，醇度较高，干香及湿香散发悠远，对咖啡产地特点表现极佳。

1870—1920年之间，德国人范古班制造与改良了筒式烘焙机。他在烘焙理论中，即提到将热空气带进咖啡豆的烘焙中。1907年，德国制的佩费克特（Perfekt）烘焙机开始引进这种观念，使用瓦斯加热，有一个空气泵，将热气一半带进滚筒内，一半带到外围烧烤滚筒。至今，德国的滚筒式烘焙仍被广泛应用，该国的波罗拔（Probat）滚筒式烘焙机名满天下。一般烘焙机使用瓦斯或电力作为热源。美国爱达华州的迪瑞克公司于1987年率先使用瓦斯启动的红外线热源，使温度控制得更为精准，颇获好评，成为北美洲的第一品牌。现今的滚筒式烘焙机几乎全是半热风直火式，一面以火源直接烤热滚筒，一面将热风带到滚筒内。吹进滚筒内的热风可提升加热速度，又可吹走碎屑，因而可烘焙出均衡又干净的咖啡豆。

（2）手工烘焙

喜欢咖啡的人不会满足于买现成豆子自己萃取，而是会设法涉足烘焙领域。手网又叫手工烘焙器，可别小看手网烘焙，采用手网烘焙能够享受烘焙的乐趣，更是跃升正统机械烘焙的入门。手网烘焙看起来似乎不太专业，但能够烘焙出最美味的咖啡豆。手网烘焙能够充分去除烟雾，还能自由调整火力，更能够方便观察烘焙过程中豆子外表的变化。有些商店销售的咖啡豆采用完全密闭的滚筒式烘焙机，这些店家的豆子一开封立刻就会散发出扑鼻的烟熏味。

🫘 手网烘焙的工具与生豆

手网烘焙的工具如下：

① 手网。

② 家用简易瓦斯炉。

③ 冷却专用的吹风机。

④ 冷却专用的金属篓子。

⑤ 夹子2个（用来固定手网盖子）。

⑥ 粗布手套。

⑦ 小时钟（计算各种烘焙度花费的时间）。

⑧ 生豆（150克左右）。

有的生豆容易烘焙，有的则不容易。外表偏白色、生长良好的薄果肉豆子（A型）较容易烘焙，加勒比海系的古巴、多米尼加、海地、牙买加，还有中南美洲系的尼加拉瓜、萨尔瓦多等都属此类。相反，果肉厚、水分多、颗粒大小不均匀的咖啡豆烘焙不易，中南美洲系的危地马拉高地产的硬豆，还有哥伦比亚、坦桑尼亚、肯尼亚等高地产的硬豆均属此类。因为其容易烘焙不均，对于初学者而言是烘焙难度高的咖啡豆。从水分含量来看，自然干燥的豆子与库藏的干燥豆子容易烘焙。

🫘 手网烘焙的建议

① 不建议使用陶瓷烘焙器或平底锅。

陶瓷烘焙器原本是放在火盆上煮大豆的工具，烘焙咖啡似乎不适用。它在去除水分这点上表现不错，却不适用于各种烘焙度。另外，要烘焙至法式或者意式的阶段，火力必须再增强，但陶瓷烘焙器原本就是用于小火慢煮，不耐强火，因而勉强适用于浅度烘焙。

平底锅或者炒锅也有弱点。烘焙咖啡豆时，为了防止烘焙不均，必须不断翻动豆子，而平底锅会让豆子的某一面持续停留在锅底，无法使每面都平均受热，容易煎焦或烘焙不均。

再加上平底锅与中式炒锅等一般都重1千克以上，要20分钟持续以相同的节奏翻动豆子非常考验体力。另外，刚开始烘焙的时候银皮会脱落，使用铁锅的话，银皮会附着在铁锅表面，如此一来，就难以判断豆子的状态了。

② 判断烘焙停止的时间。

判断烘焙停止的时间不光是看豆子的颜色，还要听豆子的声音。大致来说，第一次爆裂结束时就是中度烘焙的结束，第二次爆裂结束时就是深度烘焙的结束。另外，不管你如何喜欢浅度烘焙的咖啡，也不能只烘焙到第一次爆裂之前就停手，因为此时豆子还未充分膨胀，中心大多都还未烘焙成熟。

③ 火力控制。

火力固定在较强的中火即可，再根据火力强度调整手网与火焰之间的距离。手网的位置与瓦斯炉的炉火保持平行，稍微上下晃动但不要让豆子滚动。手网烘焙原本就存在很多会造成失败的不确定因素，如手腕因为要持续20分钟以相同频率摇晃手网而疲劳导致节奏混乱，进而造成烘焙失败。

要避免表面烘焙不均，首先必须去除水分。生豆大抵都会有颗粒大小、果肉厚度、水分含量等不一致的状况，只要不是使用顶级的咖啡豆，手选的步骤就不能省略。我们必须先假定所有的咖啡豆皆含水量不均，为了消除这种状况，我们必须花点工夫去除水分。采用手网烘焙时，在第一次爆裂开始前10分钟，要将手网与火保持一定距离，慢慢过火烘烤，让水分蒸发，消除含水量不均。

6.6 - 烘焙原则

（1）在烘焙初始应提供充分热能

要烘出咖啡的最佳风味与获得适当的烘焙发展，在烘焙起始提供充分的热能是关键。有些烘焙虽然在起始仅提供少量热能，但仍能将豆芯烘焙至充分发展。但这样烘焙获得的咖啡风味会有所减损，因为烘豆师要补偿初期的热能传递不足而大幅延长烘焙时间。

（2）豆温进程应总是保持渐缓

每次烘焙时，豆温的升温速率在一开始会快速增加，再随着烘焙进程下降。这是把室温生豆投入高温烘豆机时的自然现象。烘豆师的操炉目标应是维持升温速率数值总是下降的态势。若是让升温速率在烘焙过程中上升（除了在烘焙头两三分钟升温速率有上升的假象），咖啡豆的烘焙发展会有所减损，有些咖啡豆潜在的甜味将会因此被牺牲。

升温速率若维持恒定或是在曲线上呈现水平，就算只有一分钟，也会因此摧毁甜味，并产生让人联想到纸张、硬纸板、

干谷片或麦秆等平淡的风味。若升温速率以中速稳定下降，随后骤降，豆子的烘焙发展将减少，而且若没有立即停止烘焙的话，豆子会带有焙烤风味。焙烤风味类似于恒定升温速率造成的平淡风味，但是更加极端。当烘焙进程停滞，也就是温度不再上升（升温速率为0或是负值），焙烤风味会非常明显，且甜味会完全消失。

所以，为了达成升温速率的平稳下降，烘豆师应能预知以下常见状态并且做出对应调整：

① 在一爆前一两分钟，升温速率经常会转为水平。

② 一爆期间因为水分蒸发的冷却现象，升温速率倾向于骤降。

③ 一爆后，升温速率曲线往往转而倾向于快速向上。

④ 在二爆期间或结束后，升温速率又会开始提高。

🫘 一爆应于整体烘焙时长的75%～80%时开始

自一爆起始到烘焙完成所需时间占烘焙总时长的20%～25%。换句话说，发展时间比例应占烘焙总时长的20%～25%，最理想的比例范围其实更狭窄。若发展时间比例大于总烘焙时长的20%～25%，咖啡可能会尝起来平淡，反之，若发展时间比例小于烘焙总时长的20%～25%，其烘焙发展很可能不足。

建议用下列程序找出烘豆机的高效率预热方式：

① 将空气流量设置为往后烘焙设定的平均值。

② 使用中到高火力将烘豆机预热至比预定投豆温度高28℃的温度。

③ 让烘豆机在此温度下空转20分钟。

④ 降低火力，让温度逐渐下降。

⑤ 当温度数值降到投豆温度时，让烘豆机于此温度空转10分钟。

⑥ 投入第一批次生豆。

⑦ 使用与其后批次相同的火力与空气流量设定进行烘焙。

⑧ 与之前一轮烘焙的后面几锅结果比较，二者是否有差异。若较之前更快，则将步骤②的预热温度降低；若较之前更慢，则将步骤③的空转预热

时间延长。

⑨ 每天重复步骤⑧直到第一批次的烘焙与其后的烘焙状态完全一样。

若滚筒滚转方向是逆时针方向，则安装点会位于4点钟至5点钟方向。

6.7 - 常见的烘焙错误及修正方法

表6-2　常见烘焙错误及修正方法一览表

风味	原因	最具可行性的修正方法
咸鲜味或肉汤味	发展非常不足	在烘焙第一分钟采取高火力设定或使用更多气体，以产生陡峭的初期升温曲线，确保发展时间比例高于20%
青草味	发展中等不足	中等程度拉升初期烘焙曲线，并确保发展时间比例高于20%
未熟酸味或未熟水果味	豆芯有发展但烘焙太浅	稍微提升烘焙曲线，若有可能，烘焙深一点。确保杯测萃取率可达19%以上，因萃取不足也可能产生酸味。确保发展时间比例超过20%
纸味、硬纸板味或麦秆味	焙烤	让豆温曲线变得较为平顺，确保升温速率曲线没有变水平或骤降
烟熏味（非深烘焙）	烘焙末段空气流量不足	增加空气的流量，尤其在烘焙的最后1/3段
湿软的谷片味	空气流量不足或呈锯齿状的升温速率曲线	于烘焙的初段与中段测试空气流量，若流量充足，则尝试将升温速率曲线变平顺。确保燃气的供应稳定没有压力波动（需要装设压力计）
焦味	因滚筒过热造成焦伤	考虑较慢的烘焙或以较低的最大火力设定重塑烘焙曲线

（续表）

风味	原因	最具可行性的修正方法
胆汁味、刺激味或烟熏味	空气流量不足	增加空气流量（常常在再循环式烘豆机的产品以及空气流量极低的浅烘焙咖啡上发现这类风味。这种风味在深烘焙时会转化为一般的烟熏味）
苦甜味	轻度过度烘焙	除非这种风味正好是所需要的，不然就烘焙浅一点
呛苦味	绝对是过度烘焙	进行较浅烘焙，并确保烘焙后段有足够的空气流量
碳化味	荒谬的过度烘焙	进行浅很多的烘焙，增进感官能力，或考虑转行

6.8 - 烘焙曲线

（1）烘焙S形曲线

■ 烘焙S形曲线

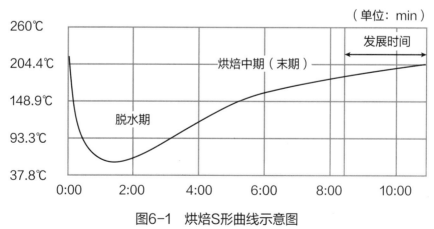

图6-1 烘焙S形曲线示意图

（2）温度爬升程度比较

■ 批次A豆表温度　　　　　■ 批次B豆表温度
···· 批次A豆芯温度　　　　···· 批次B豆芯温度

（单位：min）

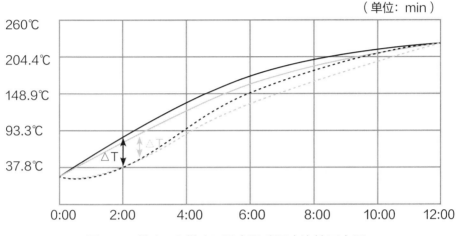

图6-2　批次A和批次B温度爬升程度比较示意图

　　本图描述了于烘焙初期建立较大△T的重要性。烘豆师于批次A烘焙初期施予充分的热能以建立较大△T，这一温差给予豆芯动力以平顺地在烘焙结束时追上豆表温度。批次B在烘焙初期温度缓缓地上升，从而造成较小△T。相较于批次A，烘豆师于批次B烘焙中期为了充分烘焙豆表，施加较多热能以相同烘焙时间达到相同温度。然而对豆芯温度而言，这热能来得太晚也太少，不足以让豆芯温度追上豆表温度，故批次B为烘焙发展不足。

（3）典型烘焙豆温曲线及其升温速率曲线

■ 豆温曲线

（单位：min）

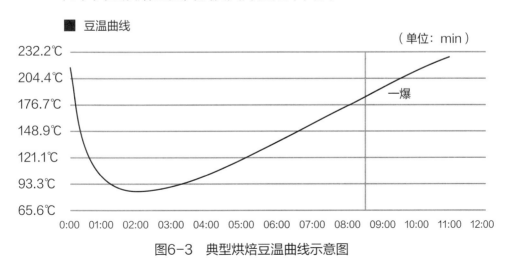

图6-3　典型烘焙豆温曲线示意图

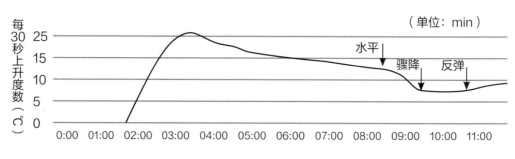

■ 升温速率曲线

（单位：min）

图6-4　典型烘焙升温速率曲线示意图

这是典型的一爆前后的烘焙豆温与ROR（升温速率）曲线，由烘先达软件的银幕截图改编。ROR曲线常常于一爆前变得水平，在水汽蒸散高峰期骤降，于一爆尾声时反弹。很多烘豆师已习惯见到这样的ROR曲线模式，而没有察觉到这已造成对咖啡风味的损害。

（4）一爆开始时机的理想范围

■ 豆温曲线

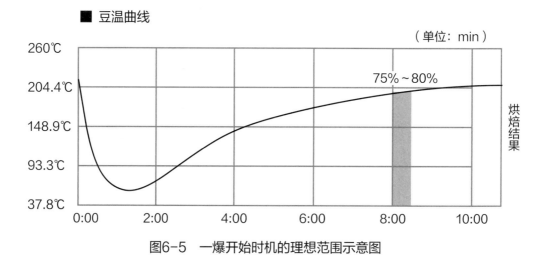

（单位：min）

图6-5　一爆开始时机的理想范围示意图

理想状况下，一爆应发生于阴影区域。

（5）具有平顺升温速率曲线与正常发展时间比例的中度烘焙

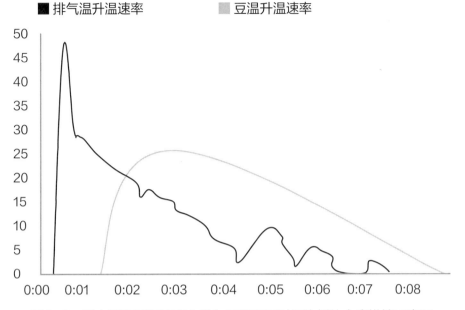

图6-6 具有平顺升温速率曲线与正常发展时间比例的中度烘焙示意图

具有平顺升温速率曲线与20%发展时间比例的中度烘焙。

（6）具有低发展时间比例的极浅烘焙

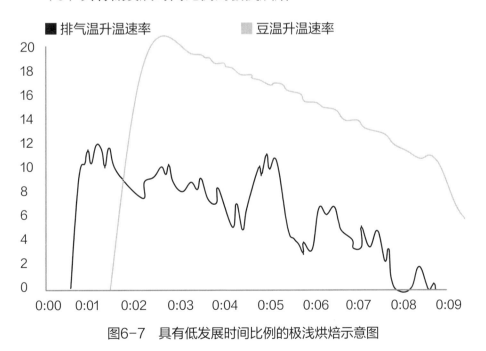

图6-7 具有低发展时间比例的极浅烘焙示意图

（7）哪一批次的烘焙发展程度较高？

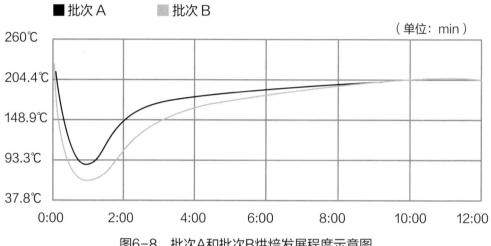

图6-8　批次A和批次B烘焙发展程度示意图

咖　啡　研　磨

7.1 – 研磨的基本原则

一般而言，好的研磨方法应包含以下四个基本原则：一、应选择适合冲煮方法的研磨度；二、研磨时所产生的温度要低；三、研磨后的粉粒要均匀；四、冲煮之前才研磨。

不管使用什么样的研磨机，在运作时一定会摩擦生热。咖啡中含有的优良物质大多具有高度挥发性，研磨的热度会加快挥发的速度，让香醇风味先一步散失于空气中。

在研磨之后，咖啡豆的细胞壁会完全崩解，所有保持新鲜的防线完全撤除，这时与空气接触的面积会增加很多，氧化与变质的速度变快，在30秒至2分钟之内，咖啡风味就会丧失。因此，不要买咖啡粉，最好买咖啡豆，且喝前才研磨，磨好则应赶快冲泡。

在磨豆机发明之前，人类使用石制的杵和钵研磨咖啡豆，捣杵以撞击方式使咖啡豆自然裂开，不易破坏细胞壁，因而最能留住咖啡的优良物质。可是，在现代化的生活里，人们几乎已经不可能再使用捣杵与石钵来研磨咖啡了，因此，选择优良的磨豆机就显得格外重要。

7.2 – 磨豆机的分类

（1）螺旋桨式磨豆机

这种磨豆机是使用马达转动螺旋桨式的刀片，将咖啡豆削成粉末，难

怪有人戏称它在"砍豆子",而不是磨豆子。咖啡豆一旦被这种磨豆机砍得支离破碎之后,风味自然丧失不少。因此,并不建议使用这种螺旋桨式磨豆机。不过,因为这种磨豆机价格很便宜,且体积很小,不占空间,是家庭与办公室研磨咖啡的一项选择。

螺旋桨式磨豆机包含以下几项缺点:

① 研磨时形成高温。

这种磨豆机相较于其他磨豆机来说,转速最快,与咖啡豆高速摩擦之后,容易形成高温。不信的话,你可以在研磨之后用手指碰触,随即可感受到它的高温。一般来说,芳香物质的沸点都很低,因此,这样的高温会迫使咖啡的香醇风味流失在研磨的过程中,而不会留在你的咖啡饮品中。

② 研磨不均。

这种磨豆机会将咖啡豆乱砍一通,所形成的粉粒不是过粗,就是过细,难以均匀。尤其在大量研磨时,经常砍不到上层的豆子,易产生过粗的咖啡粒。螺旋桨式磨豆机由刀片任意砍碎豆子,过细与过粗的粉粒所占的比例都很高。

③ 形成块状。

在磨豆的时候,高速运转的螺旋式叶片会使咖啡粉形成一个漩涡,加上离心力太大,过细的粉末会进一步形成块状,粘在四周。这些块状物将阻碍热水均匀浸泡咖啡,造成萃取不均的情形。

④ 无法设定研磨度。

这种磨豆机没有研磨度的设定功能,只好依据研磨时间来决定研磨度。一般的研磨时间为6~10秒,适用于滤压壶、滤泡杯与塞风壶的冲煮方式。不过,浓缩咖啡需要极细的研磨,恐怕要磨20秒以上,此时摩擦产生的高温会使咖啡的香气不断挥发。

⑤ 危险的开关设置。

在设计上,螺旋桨式磨豆机通常都利用合上盖子的压力来启动开关,转动螺旋式刀片。在放豆子或清理时,若不小心压到开关,而手指又正好在刀片附近时,那后果将不堪设想。所以,建议平时将插头拔掉,磨豆前才插上，用后立即拔掉；在处理与清洗时，电源也应该在中断的状态下。另外，上面的塑料盖子可以用水清洗，但机身内外都不能碰水，只能用抹布擦拭。

（2）手动式磨豆机

100多年来，手动式磨豆机的设计几乎没什么改变，即使是最新的款式也都倾向于古典而雅致的造型。这种磨豆机需要用手旋转转动杆，转动内部铁制的磨刀，将咖啡豆压裂成细粉状，从而掉落在下面的盒子里。严格来说，内部的磨刀不是刀，因为它没有锋利的刀锋或锯齿，而是一块有棱角的锥形磨铁。它以碾压的方式将咖啡豆磨碎，这种方法类似古代的研钵和捣杆，也能留住咖啡的香醇风味。

虽然使用手动式磨豆机确实有点辛苦，而且速度不快，但是能研磨出颗粒均匀的咖啡粉，再加上研磨时的摩擦温度低，不会破坏咖啡的美味，很适合滴滤式与滴泡式的冲泡方法。除此之外，手动式磨豆机所造成的声响小，一直是冲泡咖啡者的最爱。

手动式磨豆机通常在转动杆与主体之间，有一个环状的转钮，向下转可磨出较细的咖啡粉。这种磨豆机能磨出中度至细度的咖啡粉，但是不可能磨出非常细的粉末，所以并不适合浓缩咖啡爱好者使用。

（3）锯齿式磨豆机

其实，磨豆机比咖啡机还重要，花钱买好的咖啡机还不如花钱买好的磨豆机。锯齿式磨豆机能迅速而稳定地磨出均匀的咖啡粉，只是价格较高。

这种磨豆机的操作方法相当简单，只要遵照说明书上的导引，就能轻松上手。一般而言，它会有两个设定功能：一是设定研磨度，二是设定研磨时间。研磨度大多以阿拉伯数字（1、2、3、4、5……）表示，数字越小表示研磨越细。有的还会清楚地标示各种冲泡方法的研磨范围。

这种磨豆机上面有一个漏斗形容箱，盛装尚未研磨的豆子。时间设定越久，将有越多的豆子落入研磨机里，自然能磨出越多的咖啡粉。由于容箱的保鲜效果并不好，建议尽可能量好一次的使用量，并且一次磨完喝掉，其他豆子则可保存在真空罐或保鲜袋里，待下次再拿出来研磨。

选购锯齿式磨豆机的注意事项

就应对滴滤式与滤泡式的冲煮法而言，市面上的机种大都绰绰有余，但是，功率较高的磨豆机，研磨速度较快，咖啡粉停留在锯齿间的时间较短，能较好地磨出低温的咖啡粉。一般而言，磨豆机的功率介于70～150瓦之间，越高越好。

市面上大部分机型都说自己能磨出极细的粉末，能够冲煮浓缩咖啡，但是许多低价磨豆机的效果很差，所磨出的咖啡粉不够细，在冲煮浓缩咖啡时，造成萃取不足，使得成品索然无味。所以，浓缩咖啡爱好者应特别留意机器的精密度。

锯齿式磨豆机的种类

锯齿式磨豆机的磨刀有两种形式：平面式锯齿刀（Flat Burrs）、立体式锥形锯齿刀（Conical Burrs）。

平面式锯齿刀（Flat Burrs）：平面式锯齿刀由两片环状刀片所组成，圆周上布满锋利的锯齿；启动后，咖啡豆被带进刀片之间，瞬间被切割与碾压成微粒。就家用而言，平面式锯齿磨豆机最接近商用大型磨豆机的研磨效果，与咖啡专卖店里的磨豆机效果相当。

立体式锥形锯齿刀（Conical Burrs）：锥形磨豆刀由两块圆锥铁所组成（一公一母），锥铁的表面布满锯齿，这两块铁贴合之间的空隙就是将咖啡豆研磨成粉的地方。锥形锯齿刀所产生的摩擦温度较低，也能形成均匀的研磨。高价位的商用研磨机与手动式研磨机，通常都采用这种锥形锯齿刀。

7.3 – 研磨度

就一般的消费者而言，在选购咖啡豆、磨豆机与咖啡机之后，只剩下研磨度和冲泡时间这两个变量需要注意。其中，冲泡时间较容易理解，可以较快抓到窍门，而研磨度对咖啡质量的影响更精微，有着许多探讨的空间。粉粒由细到粗，研磨度的范围可分为以下几种：

土耳其式研磨（Turkish Grind）：适用于Ibrik壶（土耳其咖啡壶）。最早发源于土耳其民族，欧洲南部的部分国家也常有人使用。

浓缩咖啡式研磨（Espresso Grind）：适用于浓缩咖啡机，其对研磨度的精细程度更敏感。

细研磨（Fine Grind）：适用于摩卡壶或滴滤杯。

中研磨（Medium Grind）：适用于滴滤杯与塞风壶。

粗研磨（Coarse Grind）：适用于滤压壶。

7.4 – 筛网管理研磨的质量

在专业领域里，专家们使用筛网严格监控咖啡的研磨度。筛网依照网孔大小，分为若干型号，有12、14、16、18、20、30、35、40、45等。号码越小表示网孔越大，能将过细的咖啡粉筛除，降低咖啡的苦味与涩味。

在设定好研磨度之后，即使是高价的精细磨豆机，在多次使用后也会有走位的情形，所以，需要使用各种筛网检测。大型的商业咖啡公司也使用类似的方法进行质量管理，只是将筛网升级为电动筛选机，机内有数层筛网，号码从小到大，由上向下排列。他们定期抽取样品，研磨后放入筛选机的最上层，经过强力振动之后，各种粗细的粉粒分别留在不同的网上。

⚫ 研磨度与筛网的关系

粗研磨：18～20

中研磨：24～28

细研磨：30～32

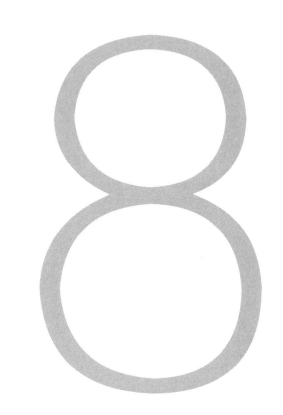

8

咖　啡　冲　煮

咖啡豆是一种非常复杂的东西，它的内部至少包含
2000种以上物质，它们之间的相互关系，更是谜团重重。
冲泡咖啡并不是要将这些物质全部萃取出来，而只需要激
发咖啡中的甜味、醇味、酸味与香味。冲泡咖啡的艺术在
于寻求最适当的条件，在芳香与苦涩之间取得最佳平衡
点，将咖啡内部的可溶物质（Soluble Solids）萃取出来。

8.1 - 水与咖啡

一杯咖啡中，水的含量超过98%，所以，水质的好坏相当重要。

硬度略高又不会很高的水最适合冲泡咖啡，因为水中的矿物质能与咖啡的内部物质发生作用，产生较好的口感。

含氧量高的水也相当适合冲泡咖啡，因为它能提升咖啡的风味。一般来说，新鲜的冷水含氧量较高，加热后再冷却的水含氧量较低，因此，冲泡咖啡时还是建议使用新鲜的冷水来加热。

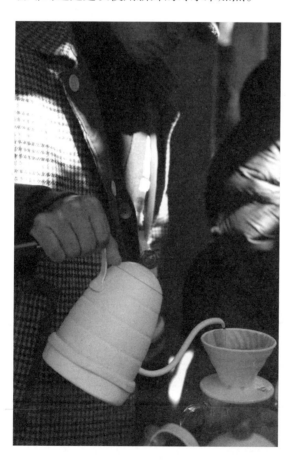

蒸馏水是纯水，几乎不含其他矿物质，与咖啡内部的物质不会发生什么作用，所泡出来的咖啡虽有芳香，却不具好的口感。

矿泉水虽含有较多的矿物质，但是各地的水源不同，矿物质含量也相距甚远，不见得样样都适合泡咖啡。如果想用矿泉水泡咖啡，不妨多试几种，找出最适合冲煮咖啡的品牌。

一般来说，矿物质含量高的水比自来水更适合泡咖啡，而自来水冲煮咖啡的效果又比蒸馏水好。

8.2 – 咖啡冲煮工具

（1）咖啡冲煮工具分类

咖啡机是冲泡咖啡的器具，虽然有多种类型，但其实每种咖啡机的冲泡原理都很相似，以下大致归纳出三种类型的咖啡机。

滴滤式：用水浇湿咖啡粉，让咖啡液体以自然落体的速度经过滤布或滤纸，流向容器里。基本上，它没有浸泡咖啡粉，只是让热水缓慢地流经咖啡粉。滴滤杯与电动咖啡机都属于这一类，是最简单的冲泡工具，能泡出干净且色泽明亮的咖啡。

滤泡式：将咖啡粉放入壶内，用热水浸泡若干分钟，再用滤布或滤网过滤掉咖啡渣，形成一杯咖啡液体。虹吸壶、滤压壶、比利时咖啡壶与越南咖啡壶等，都属于滤泡式冲煮工具，它们都有浸泡过程，所以形成较复杂的口感。

高压式：利用加压的热水穿透填压密实的咖啡粉，产生一杯浓稠的咖啡，这类工具有摩卡壶与浓缩咖啡机。

（2）咖啡冲煮工具介绍

🫘 滴滤杯

① 滤纸冲泡法。

1908年，德国的梅莉塔·班兹（Mellita Bentz）女士突发奇想，发明革命性的"滤纸冲泡法"。她在金属杯子的底部打了一个洞，然后将儿子的吸墨纸铺在杯子的内缘，放入咖啡粉，再以热水缓缓冲泡。由于只萃取一次，结果冲出一杯既芳香又不苦涩的咖啡。

② 滴滤杯构造简单却能冲出好味道。

滴滤杯的构造很简单，只有一个圆锥状容器，很像一只杯子。容器的内缘必须铺上滤纸，再放入咖啡粉，以热水冲泡即可。这种方法使热水与咖啡粉只接触一次，便落入杯子里，所以只会萃取到挥发性较高的物质，可以冲泡出气味芬芳、干净澄澈且杂味最少的咖啡。这种滴滤杯虽然看起来不是很专业，但它所泡出来的咖啡相当清澈，适用于中度烘焙以下的水洗豆。

精品咖啡具备许多优良的物质，使用这种滴滤杯只萃取一次，即能将咖啡的香浓风味释出，是相当不错的冲泡方法。但由于滤纸过滤是一种渗透作用，咖啡中的胶质易遭滤纸隔绝，所以咖啡的醇味会比较弱。为了留住咖啡的醇味，有人干脆舍弃滤纸，改用铁质或塑料质的滤网，但因清洗颇费事，且容易遗留污垢，导致影响咖啡的质量，因此并不建议。

③ 滴滤杯的冲泡原则。

滴滤杯的冲泡方法很简单，只要特别注意以下几个原则即可。

第一，应使用新鲜的咖啡豆，并当场研磨。浇热水后，新鲜的咖啡粉会膨胀得很厉害，鼓起来像一座小山丘。若咖啡的新鲜度不够，则膨胀不起来。

第二，冲泡前先用热水空泡滤纸一次，以祛除滤纸的化学味道，同时可以温杯。

第三，应以1升水（约4杯）冲泡约55克咖啡粉的比例来冲泡。

第四，放入咖啡粉后，可以在桌面上轻拍几下，让咖啡粉变得更平整密实。如果咖啡粉太松散，热水会快速穿透，造成萃取不足。

第五，热水的温度为92℃~95℃，一壶煮沸后的开水约在30秒钟会降到这个温度。

第六，使用细嘴水壶，越细越好。将热水以10%、30%、30%、30%的分量，分4次缓缓浇在咖啡粉上面，而且每次都要均匀地覆盖咖啡粉表面，全部过程约2分钟。第一次10%的热水只用来浇湿咖啡粉，让细胞膨胀，细胞孔打开，等待后续的热水萃取香醇的物质。如果使用大嘴水壶，出水量太多，热水将迅速穿过咖啡粉，使得咖啡的浓稠度不足。

④ 滴滤杯选购须知。

在选购滴滤杯时，最需注意的事项就是它的容量，也就是说要依照冲泡量选择最适合的尺寸。若要冲泡2人份的咖啡，却选择可煮6人份的滴滤杯，结果容器里的咖啡粉太少，热水毫不留恋地迅速流过，滴落杯子里，如此只能冲泡出一杯味道不足的淡咖啡。反之，若要冲泡6人份的咖啡，却选用2人份的滴滤杯，结果咖啡粉太厚，热水经过的时间延长，只能冲泡出一杯苦涩的咖啡。

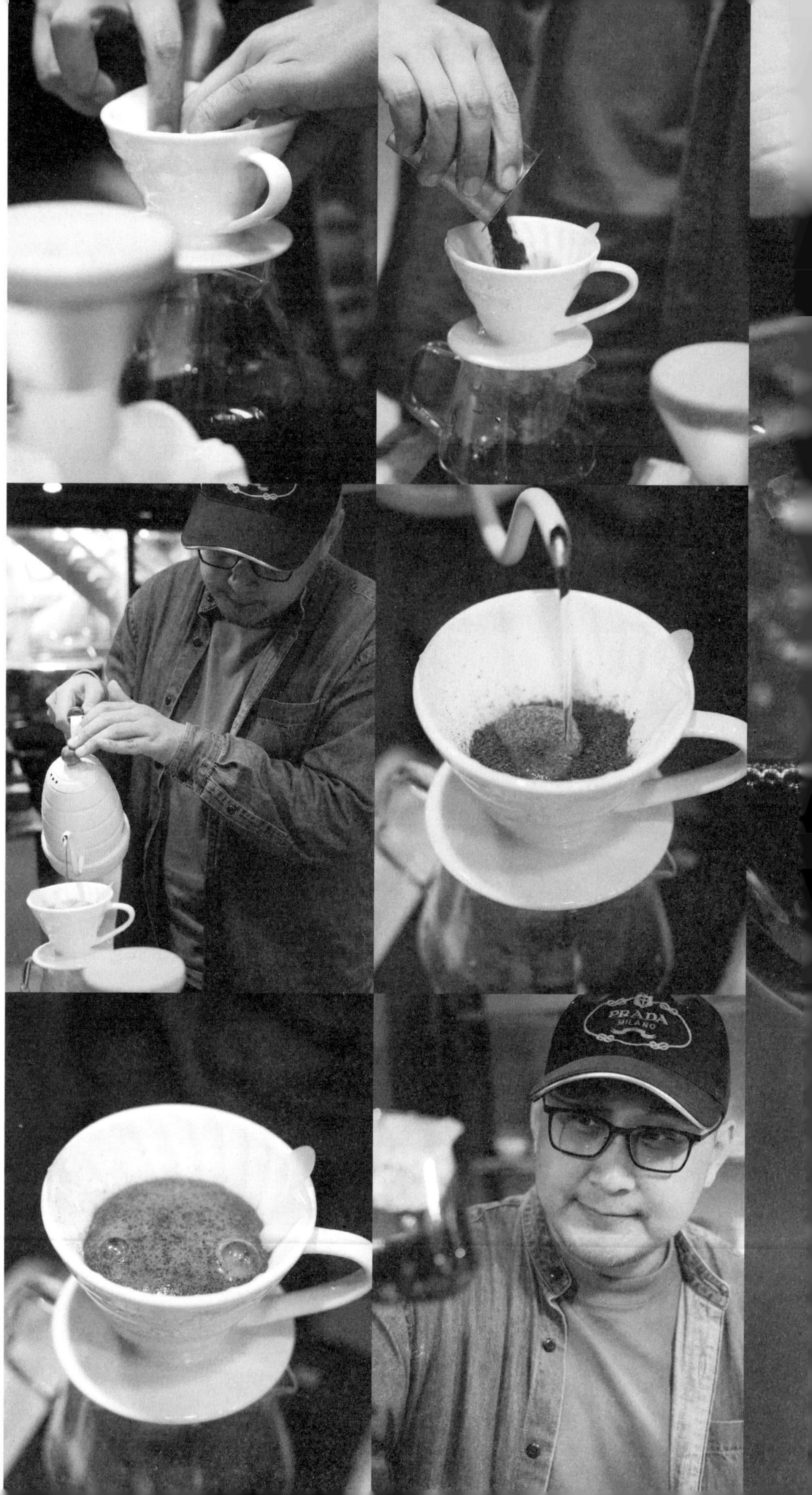
PRADA
MILANO

电动式咖啡壶

电动式咖啡壶的冲泡方法与滴滤杯很相似，只是浇水的过程完全由机器自行计算，自行决定喷水量与喷水时间。

① 电动式咖啡壶选购须知。

电动式咖啡壶的内部容箱有两种形式：一是漏斗形，二是宽而扁的柱形。在此建议选用前者，在少量冲泡时，咖啡粉会集中在狭窄的底部，能延缓热水流过的速度；若使用后者，咖啡粉只能平铺在容箱底部，薄薄一层，当热水快速穿透时，根本没有泡到咖啡。目前市面上所有的电动式咖啡壶，内部的喷嘴多以辐射状向四周喷洒热水，当咖啡粉数量太少时，部分热水只喷到滤纸，而没喷到咖啡粉，容易泡成一杯稀释的咖啡。

由此可见，选购适当容量的咖啡壶相当重要，也就是说要依照冲泡量来选择适合的机种。若要冲泡2人份的咖啡，却选择可煮10人份的咖啡机，那么由于容箱里的咖啡粉太少，热水会毫不留恋地迅速流过，滴落杯子里，这样一来，只能冲泡出一杯味道不足的淡咖啡。反之，若要冲泡10人份的咖啡，却选用4人份的咖啡机，那么由于容箱里的咖啡粉太厚，热水经过的时间延长，只能冲泡出一杯苦涩的咖啡。甚至，咖啡会溢流出容箱外，弄坏机器。

注意，首次启用电动式咖啡壶时，不妨耐心地观察它的喷水情形。通常水温加热到92℃左右时，会喷第一次水，不妨打开盖子，看看它是否均匀地湿润咖啡粉，如果没有，这个咖啡壶可能不太好。

② 电动式咖啡壶的瓦数愈高愈好。

常有人批评电动式咖啡壶只能泡出一杯冷咖啡，这个问题出在该机种的瓦数不足，尤其是低价的咖啡壶。所以，瓦数越高的机种越好，因为这种咖啡壶的冲泡时间通常都设计在6分钟以内，在这段时间内必须分若干次将水加热，然后喷洒咖啡粉，若用电的功率不足，无法将水温控制在92℃，使用者就只能得到一杯低温咖啡。

有人以为将热水灌到电动式咖啡壶的水箱里，可以快点煮好咖啡，但是并不建议这样做。因为，电动式咖啡壶有既定的"加热—喷水—加热—喷水"等程序，加热水的做法会破坏它的运作步骤，使热水快速且连续喷洒。

现在的电动式咖啡壶大部分采用可抗高温的塑料滤网，效果不亚于铁网，能留住咖啡的胶质与醇味，泡出浓厚的咖啡。

🫘 滤压壶

滤压壶最能凸显咖啡原始与狂野的风味，星巴克的创办人——鲍德温，在首度遇见现任总裁——霍华德·萧兹时，便以滤压壶冲泡了一杯顶级的苏门答腊咖啡给萧兹品尝，那股浓烈的香醇就这样深烙在萧兹的意识里。这段因缘改变了萧兹的生涯规划，也缔造了星巴克的咖啡王国。

① 可泡出咖啡原始复杂的风味。

使用滤压壶冲泡，由于直接以热水浸泡咖啡，并用铁网过滤，几乎把能萃取到的物质全部萃取出来了，所以会形成一杯较混浊的咖啡，且风味很原始很复杂。一般来说，精品咖啡的质量优良，很适合这种冲泡方法，而低劣的咖啡将无所遁形。这种咖啡壶的结构简单，相当适合旅行或野营时随身携带使用。不过，缺点是不容易清洗，铁网上常会卡住咖啡渣，且玻璃壶身相当深长，用手洗不到底部。

② 滤网细致度决定一杯咖啡的好坏。

滤压壶铁网的细致程度是决定能否泡出一杯好咖啡的关键。好的滤压壶铁网在多次推拉使用之后，边缘仍完好如初，与容器的内缘紧密贴合，咖啡渣不会偷溜到杯子里。另外，不要使用泡茶用的滤压壶，因为它的网眼较大，过滤不了较细的咖啡渣。由于滤压壶没有容量的顾虑，即使只泡一人份，效果也没有明显的差别。

③ 滤压壶的冲泡方法。

滤压壶由一个圆柱形的玻璃容器与盖子所组成，盖子的中央有一个可以上下推拉的滤网。冲泡咖啡的步骤很简单：

第一，先煮开水，并等30秒左右，让温度下降到92℃~95℃。

第二，等待的同时，可倒些热水到玻璃壶与咖啡杯里，目的是温杯。

第三，开始磨咖啡粉，1升水（约4杯）泡约55克咖啡粉的比例。这种冲泡法适合采用中度研磨，因为咖啡的粉粒较粗，可被滤网隔离，能泡出较清澈的咖啡。

第四，将玻璃壶内的热水倒掉，并且拭干。

第五，放入咖啡粉，并倒入热水。

第六，用干净的汤匙搅拌一下，确保咖啡粉完全浸到水。若是新鲜度良好的咖啡，咖啡粉会膨胀得很厉害，并且上端会形成一层泡沫。

第七，浸泡4分钟后，将盖子上的滤网向下压到底。

第八，将咖啡立即倒入杯子里，即完成。

☕ 虹吸壶

1840年，苏格兰工程师纳皮耶发明了这种咖啡壶，后来由法国的瓦瑟夫人取得专利。19世纪50年代，英国与德国已经开始生产制造。

① 利用虹吸（Siphon）原理冲泡咖啡。

在说明虹吸壶之前，应先认识物理学上的虹吸现象。虹吸管是一种曲水管，利用空气的压力，将甲容器内的液体移到乙容器里。虹吸壶就是利用这种原理冲泡咖啡，也叫做"真空壶"。

② 虹吸壶构造略显复杂、操作较费工。

虹吸壶的构造略显复杂，有上壶、下壶、滤网与支架（用于固定下壶）。上壶略成漏斗状，下缘的细管可深入下壶。冲泡时，滤网应置于上壶的底部，即细管的上方。一般而言，火源有两种，即"酒精灯"与"电热式"。由于虹吸壶无法放在家用瓦斯炉上，日常使用有些不方便。

③ 咖啡研磨及烘焙度影响冲泡风味。

一般来说，细研磨至中度研磨的咖啡粉较适用于虹吸壶，前者会在杯底出现少许沉淀物，但不影响质量。此外，使用虹吸壶冲煮咖啡，对咖啡豆烘焙度的选择也相当宽泛，中度烘焙、城市烘焙与深城市烘焙都适用，前者有明亮的酸味，后两者则有浓厚的醇味。至于冲泡的比例，也是约55克咖啡粉搭配1升水（约4杯），其他分量则按比例增减。

④ 虹吸壶可冲煮出具稠感的咖啡。

由于虹吸壶的滤网是布制的，油质与胶质可轻易穿透，落入杯里，因此可以冲煮出具有稠感的咖啡，甚至在表面形成一层油光，所以第一口的感觉最浓厚。虹吸壶同样没有容量的顾虑，即使只泡一人份，效果也没有明显的差别。

⑤ 小酒精炉的加热能力不足。

通常，虹吸壶都附有一个小酒精炉，所以大部分人便以此炉作为煮咖啡的火源。但是，若以小酒精炉直接煮冷水，则它的加热功能显然不足，而且速度慢。当热水在80℃左右时，便已全部流向上壶，虽然下壶持续加热，但很难达到90℃以上。温度不足的结果，会使咖啡的味道偏酸，如此一来，饮用者只能喝到一杯萃取不足的冷咖啡。因此，建议不妨考虑其他加热方式，或以高温热水来冲煮咖啡。

⑥ 虹吸壶的冲煮方法。

使用虹吸壶时，过程的控制相当重要，建议采取下列步骤来冲煮：

第一，在下壶填装温水，这样可缩短加热的时间，避免咖啡粉在上壶无谓地流失香味。

第二，装好滤网，将上壶插入下壶，并适度拧紧，不宜有空隙，因为空隙会破坏虹吸作用。

第三，启动火源，火源应集中于下壶的底部，不可只在边缘加热。可利用加热的时间来研磨咖啡，待热水快要上升时，才将咖啡粉倒入上壶。有人以酒精灯为火源，但它的加热速度太慢，因此，切忌事先研磨咖啡粉，免得降低咖啡的新鲜度。

第四，待下壶的水接近沸腾时，会产生空气压力，将水经由细管推向上壶，与咖啡粉混合。

第五，当大部分水上升到上壶时，可用干净的汤匙搅拌咖啡粉。搅拌时，应深入上壶的底部，使咖啡粉充分浸泡热水。这时，下壶还有一小部分热水，是因为上壶的细管未深及下壶的最底部。

第六，热水全部升到上壶后，浸泡约1分钟，迅速移开火源。这时，下壶呈真空状态，借由虹吸作用，将上壶的咖啡液体吸回下壶。

第七，小心地将上壶移除，将下壶的咖啡倒进杯子里，即完成。

摩卡壶

20世纪30年代，意大利的比尔来第（Bialetti）公司开始大量制造与销售这种咖啡壶，并命名为"Moka Express"。从此，大家习惯称之为"摩卡壶"，它与摩卡咖啡（Mocha）或意大利式摩卡并没有什么关系。该公司所生产的铝制摩卡壶呈八角形，造型十分典雅，至今仍为消费者所偏爱。

① 摩卡壶属于高压式煮法。

摩卡壶由上壶、滤网与下壶所组成，滤网位居上、下壶之间。冲泡时，水置于下壶，咖啡粉则置于中间的滤网里。当下壶受热后，产生水蒸气，形成约一个大气压的力量，将热水往上推挤，经过咖啡粉与壶中的细管，碰到壶盖之后，便掉落在上壶里，形成咖啡液体。

因为能形成大约一个大气压力，所以这种咖啡壶的冲煮方法可归类为"高压式煮法"。摩卡壶的火源有两种：一种是直接置于瓦斯炉上加热，另一种是插电加热。加热时，壶身与壶盖都很烫，应特别注意安全。

② 摩卡壶对冲煮容量要求极高。

摩卡壶对容量非常敏感，一定要依照该壶的容量冲煮咖啡。若你有一台两人份的摩卡壶，则一次要煮两杯。如果只煮一杯，则咖啡粉的厚度不够，对热水所造成的阻力不足，热水将迅速贯穿，如此，只能煮出一杯萃取不良的咖啡。

比尔来第的摩卡壶有 1、2、3、6、9、12、18人份等容量，购买之前应仔细考虑一下自己的需要。

③ 摩卡壶种类多样，宜仔细挑选。

摩卡壶是铝制的，容易与咖啡中的酸质（Acid）发生化学反应，而产生一股怪味。市面上有许多不锈钢制品，形形色色，大大小小，是否比铝制的好？在此不作特别评价，只建议选购精密贴合的摩卡壶，使所产生的高压不致外泄，而影响冲煮的效果。

咖 啡 品 鉴

9.1 – 咖啡感官和品鉴流程

咖啡的香气使我们难忘。咖啡除了香气，还有酸甜苦咸和醇厚度，我们分别用鼻子、舌头、嘴巴去体验。那么，我们如何去分辨一杯咖啡的好坏，如何去分辨咖啡的风味呢？

（1）咖啡的感官

我们是分别对应视觉、嗅觉、味觉和触觉四个方面来品鉴咖啡的。其中，视觉是用眼睛分析咖啡的色彩和质地，嗅觉是用鼻子分析咖啡的香气，味觉是用舌头去体验咖啡的酸甜苦咸，触觉是用口腔及食道体验咖啡的重力感、压力、厚度等（又称为醇厚度或口感）。

（2）咖啡的品鉴流程

我们通过怎样的流程来品鉴咖啡呢？通常来说，你看到咖啡的那一刻，就已经在品尝咖啡了。我们以品尝为分界线，品鉴流程分为品尝前、品尝中、品尝后。品尝前，我们通过视觉、嗅觉来分析咖啡的色彩、质地和香气。品尝时，我们通过嗅觉、味觉和触觉来分析咖啡的香气、酸甜苦咸和醇厚度。品尝后，我们通过嗅觉、味觉和触觉来分析咖啡的风味，也就是我们经常所说的余韵。在品鉴之前，我们先了解一下风味的概念。在食品行业中，风味指的是从嗅觉、味觉和触觉综合来表达对食物（咖啡）的整体感受。

9.2 – 咖啡视觉评价

咖啡视觉感官，指的是咖啡的视觉表现。对于一般的黑咖啡和精品咖啡，视觉上不做评价，其主要用于对Espresso（意式浓缩咖啡）的评价。

Espresso的视觉评估主要是咖啡冲煮后的样子，它可以给我们提供关于咖啡品牌质量等有用信息。我们主要从视觉上看到的乳状泡沫来评估Espresso。

（1）咖啡视觉描述

当高压热水冲击咖啡粉时，会乳化咖啡粉中的不可溶性油脂，同时会释放大量二氧化碳，其数量远大于常压热水冲泡咖啡时二氧化碳的释放量，这就是为什么当液体流出时会立刻出现无数细小的泡沫，但它们根本无法持久。要想产生稳定的泡沫，我们需要一些化合物来"包裹"住气泡，使得气泡结构保持稳定而富有弹性。

这一化学反应的过程可以认为是一种表面活性剂的作用。与奶泡通过蛋白质来完成这一过程不同，咖啡是通过一种叫"蛋白黑素"的物质来完成这一过程。

它是在烘焙过程中由一组混合物发生化学反应而产生的，事实上科学家对此过程的了解程度并不高。蛋白质和蛋白黑素都不是亲水性物质，所以当热水冲击时，它们自然地分布在气泡的表面，从而能够接触更多的空气，由此产生了无数细小的泡泡，于是，我们看到了乳状泡沫。

还有另外一些东西——油脂，其存在是不利的，油脂经常会破坏泡沫的结构导致失败的结果。

那么，咖啡里的油会导致泡沫在几分钟内迅速消失吗？油是可溶解在水里的，由于地心引力的作用，泡沫表面的油将会和水一起被拽离泡沫的表面，导致泡沫消失。泡沫消失的速度和水分被拽离的速度相关。

🫘 乳状泡沫的颜色

乳状泡沫的颜色主要来自烘焙过程中焦化的糖，部分来自烘焙过程中氧化了的苯酚。如果使用阿拉比卡混合咖啡，那么颜色会从深黄褐色变为暗黄带红以及浅黄褐色；如果使用罗布斯塔混合咖啡，泡沫颜色会更暗并有灰色阴影。如果是萃取不足的咖啡，会呈米色；如果是萃取过度的咖啡，会呈红褐色。

🫘 乳状泡沫的质地——黏稠度

乳状泡沫的黏稠度主要是由蛋白质、脂肪、高分子糖和被植物细胞里的气体乳化了的其他黏性物质决定的。

一杯好的Espresso有一层紧凑的、纹路很好的、持续时间长的几毫米厚的泡沫。

🫘 乳状泡沫消散的时间——持续性

蛋白质、脂肪、高分子糖和被植物细胞里的气体乳化了的其他黏性物质等成分也影响泡沫的持续时间，有时候在咖啡喝完时，泡沫还存留在咖啡杯的内壁。

9.3 - 咖啡嗅觉评价

（1）气味

气味的种类很多，200万种有机化合物中就有40多万种是有气味且各不相同的。人能够分辨出约5000种气味，借助仪器还可以准确区分发出各种气味的物质。

气味分类非常困难，使用最多的是Amoore（埃穆尔）的分类方法：七种基本气味是樟脑味、麝香味、花香味、薄荷香味、乙醚味、刺激味和腐臭味，它们是使用频率最高的气味表述词。

基本上，人们认为任何一种气味的产生都是这七种基本气味中的几种气味混合的结果。各种气味之间存在严重的掩蔽现象，为了去除某种令人讨厌的难闻的气味，可以使用其他强烈气味加以掩蔽，气味之间的混合可以改变其性质而形成令人喜欢的气味。

在生产、检验和鉴定方面，嗅觉起着十分重要的作用，其在许多方面

是仪器和理化分析无法替代的。食品风味化学研究中，用色谱和质谱仪器可定性、定量分析风味物质，但在其提取、捕集和浓缩时都必须随时进行感官嗅觉检查才能够保证试验过程中风味组分不损失。

（2）咖啡嗅觉描述

品鉴咖啡的时候，根据咖啡的品鉴流程将咖啡嗅觉体验分为干香、湿香、鼻香、余韵四个部分。品鉴咖啡时，要评估每个阶段咖啡的香气特性。在描述咖啡的香气时，这四个部分是描述咖啡整体风味的关键。下面介绍这四个部分。

☕ 干香

所谓干香，是咖啡刚磨成粉散发出的气体使人产生的感觉。当咖啡豆磨成粉的时候，咖啡中的纤维受热破裂，这使咖啡中的二氧化碳气体逸出。随着二氧化碳的逸出，部分有机物在室温下变成气体。这些气体主要由酯类构成，也是咖啡干香的来源。通常，干香闻起来香甜，像一些花的香气。此外，还有一些糖类羧基化合物会散发刺激性气体，类似一些香料的香气，也属于干香。

🫘 湿香

所谓湿香，是咖啡粉加入热水后散发出的气体使人产生的感觉。当咖啡粉和热水接触的时候，水的热量使咖啡粉纤维上的有机物从液态变成气态。这些新的由大分子酯类、醛类、酮类构成的气体是咖啡湿香的来源，是咖啡湿香中最复杂的气体混合物。

通常，湿香含有水果类、草本类和坚果类的香气，水果或花草香气通常会占主导地位。所以，如果咖啡有瑕疵，瑕疵味就会在刚冲煮的咖啡中体现出来。咖啡香的四个部分中的每一个部分都涉及两组芳香族化合物（苯烃或单苯芳烃、多环芳烃）中的一组。

🫘 鼻香

所谓鼻香，是品尝咖啡的时候咖啡与水汽混合的气体使人产生的感觉。当啜食咖啡液时，咖啡液体被喷向上颚的后面，有机物与空气混合变成气态。同时，溶解于咖啡液中的气体此时也逃逸出来。这些大部分由糖类化合物构成的水汽混合物，是咖啡鼻香的来源。

这些混合物是在烘焙过程中，由咖啡生豆中的糖类经焦糖化反应而生成的。咖啡的鼻香通常非常接近各种产品中天然糖类经焦糖化反应后所生成的气味，像糖果、糖浆、烘烤过的坚果、烘烤过的大麦等。所以，鼻香的程度主要取决于生豆的烘焙程度。

🫘 余韵

所谓余韵，是吞咽咖啡后散发混合水汽的气体使人产生的感觉。吞咽咖啡液后，当喉咙中的空气返回鼻腔时，一些较大分子的有机物在上腭处蒸发并随着空气返回鼻腔。这些水汽混合物构成咖啡的余韵。相对于干香、湿香和鼻香来说，余韵香气较弱。

在干馏反应中，咖啡豆中的纤维物质会产生许多大分子结构的有机物，这些有机物有类似于木头或木头副产品的香气，范围从松脂到木炭不等。这些水汽混合物通常含有辛辣的香气，让人联想起种子或者香料，甚至

可能有点苦，让人联想起巧克力，这是因为在烘焙过程中产生了
毗嗪类物质的缘故。

除了用干香、湿香、鼻香、余韵来精确描述咖啡香外，还
可以从另一方面阐述：强度。强度是衡量有机化合物的饱满度和
力度的。

如果咖啡香是饱满且力度强烈的，可用"丰满"来形容；
如果是饱满但欠缺力度的，可用"饱满"来形容；不完全的咖啡
香，即咖啡香全面匮乏，这样的咖啡风味可用"单调"或"贫
乏"来形容。

依照烘焙度由浅入深的过程，咖啡香气可分为四大组：美
德拉反应组、焦糖化反应组、干馏反应组、瑕疵味组。

9.4 - 咖啡味觉评价

（1）味觉基础

可溶性呈味物质作用于舌面上的味蕾即味觉器官便产生味
觉。可溶性呈味物质最终刺激味蕾中的味细胞使其呈兴奋状态，
由味觉神经传入中枢神经，进入大脑皮层而产生味觉。

舌头上不同部位的味蕾，从刺激味感受器到出现味觉需要
1.5～4.0毫秒，咸味最快而苦味最慢。味觉强度和出现味觉的时
间与刺激物的水溶性有关，完全不溶于水的物质是无味的。

呈味物质与舌头接触以后，在舌头表面溶解才能刺激味觉
神经产生味觉。味觉的产生时间和维持时间由呈味物质的水溶性
决定。

味觉与温度关系密切，温度不同时，人对同一浓度相同物
质的味觉也不同。最能够刺激味觉的温度是10℃～40℃，30℃左

右时味觉最敏感，即接近舌温时，味觉的敏感性最大。低于10℃或高于40℃时，味觉都有所减弱。所以，品评食品时温度不能太低或太高。

不同年龄的人的味觉敏感性不同，随着年龄增加，味觉会逐渐衰退。

（2）基本味觉

基础味道：酸、甜、苦、咸、鲜。

每个味蕾都能感觉到这五种基础味道，但是舌头上不同区域的味蕾对基础味道的敏感度有所不同。比如，舌尖对甜物质较敏感。

与三原色类似，所有味觉都由五原味"酸、甜、苦、咸、鲜"组合而成。

人类的基本味觉有酸、甜、苦、咸、鲜，而咖啡只有酸、甜、苦、咸四味。

（3）咖啡的四味呈味物质构成

酸：由酒石酸、柠檬酸、苹果酸等物质构成。

甜：由糖类、醇类等构成。

苦：由奎宁、咖啡因、生物碱构成。

咸：由氯化物、溴化物、硝酸盐、碘化物、硫酸盐构成。

咖啡中的可溶性物质可以根据咖啡的品尝口味感觉来分组。

（4）咖啡味觉的相互作用

两种相同或不同的呈味物质进入口腔时，会使二者的呈味味觉都有所改变的现象，称为味觉的相互作用。将咖啡的酸、甜、咸三种呈味物质两两相互作用，我们可以用6个词语来描述其所呈现的味觉。这6个词是描述咖啡味觉的一级词汇，下面分别介绍。

甘酸（Acidy）：酸味增强甜味——咖啡中的酸与糖相融合，增加了咖啡的整体甜度。

红酒酸（Winey）：甜味减少酸味——咖啡中的糖与酸相融合，降低了咖啡的整体酸度。

酸（Soury）：咸味减少酸味——咖啡中的咸与酸相融合，降低了咖啡的整体酸度。

刺激（Sharp）：酸味增强咸味——咖啡中的酸与咸相融合，增加了咖啡的整体咸度。

甘美（Mellow）：咸味增强甜味——咖啡中的咸与糖相融合，增加了咖啡的整体甜度。

平淡（Bland）：甜味减少咸味——咖啡中的糖与咸相融合，降低了咖啡的整体咸度。

（5）味觉感官的温度特性

咖啡味觉对味道的敏感度取决于咖啡温度的高低。所以，品评咖啡时，按照不同的温度进行品尝，才能对咖啡的总体味道作出最精确的记录。

咖啡的酸、甜、咸三种基础味道因温度而改变：

第一，温度升高，咖啡的甜味相对降低。同时在较高温度时，咖啡里糖的作用降低很多，使得咖啡中的酸质或芳醇度产生很大的变化。

第二，温度升高，咖啡的咸味相对降低。当咸味的作用降低时，咖啡的平淡和刺激程度表现出一定的变化。

第三，温度的变化不会影响咖啡的相对酸味。所以，酒香和酸味在温度改变时只有很小的变化，因为产生酸味的果酸成分是不受温度影响的。

9.5 - 咖啡触觉（口感）评价

（1）触觉基础

口腔内部布满游离神经末梢、牙周膜本体感受器、环形小体、触觉小体等口腔黏膜触压觉的感受器。口感是食品或饮料在口中或食用之后在口腔内形成的触觉感受，是其密度、黏度、表面张力等物理或化学性质引起的口腔内部的触觉。

（2）咖啡口感（醇厚度）

咖啡口感就是咖啡形成的触觉。

用口腔测量食物的硬度、柔软度、多汁性和油性，又称为醇厚度。在咖啡感官品评中，口腔的感受器帮助我们感受咖啡的黏度与油性，即醇厚度。

黏度，或相对于水而言的"厚度"，是悬浮在冲煮咖啡中的固体数量的函数。这里的固体主要由在冲煮过程中未被过滤掉的咖啡纤维微观粒子所组成。

油性，或含油量，是咖啡中脂质（脂肪、油脂和蜡质）的函数。室

温下，这些化合物在咖啡生豆中以脂肪形式（固态油脂）存在。在烘焙豆中，这些化合物则以液体形式存在。这些油脂在冲泡咖啡的过程中被萃取出来，并保持原状，在咖啡的表层合并，形成油状的残留物。

所谓涩味，是口腔黏膜蛋白质被凝固引起收敛而感到的味道。所以，涩味是口感（触觉）而不是味道。涩味是涩味物质刺激触觉神经末梢而不是刺激味蕾所产生的感觉，如未成熟的柿子就是典型的涩味。

（3）咖啡触觉物质构成

☕ 油脂

咖啡生豆含有7%～17%的油脂。通常，植物油脂在常温下是液态，且常作为烹饪用油使用。咖啡中的油脂是甘油三酸酯的混合物，一种类似于黄油与棉籽油的合成的化合物。

咖啡油脂在咖啡风味中扮演着微妙但是很重要的角色。首先，当油滴悬浮在液体表面时，它们减少饮品中水的表面张力。其次，咖啡油脂会转移其他风味，就像动物油脂是（木头）烟熏味的主要搬运者。油脂也是外来化合物的主要搬运者，而这些化合物很可能对咖啡造成污染，从而影响风味。最后，甘油三酸酯和油脂的氧化是咖啡在存贮过程中风味变化的主要原因，就像黄油在温暖潮湿的环境中会变得令人作呕。

沉积物

咖啡中不溶解的固体物和沉积物有两个来源。一个来源是少量的纤维素在冲煮的时候被从咖啡粉粒的表面冲洗出来，通过滤纸到达咖啡液体中。由于重力作用，这些纤维小颗粒最终会沉淀在容器的底部。

另一个来源就是咖啡中的不溶性蛋白质。在烘焙过程中，咖啡生豆中的氨基酸结合而形成大分子化合物，从而形成这些蛋白质。最终，这些化合物大到一定程度导致不可溶于水。这些化合物残留在咖啡冲煮器具的表面就形成黑色的油性污渍。

胶质物

胶质物是咖啡饮品中的油脂和沉积物结合而形成的。这些物质会影响口感的两个主要因素：油性和黏度。

（4）关于强度（浓度）与体质感

咖啡风味描述中包含它的体质感描述，这种感觉是由咖啡饮品中的不可溶物质（固液悬浮物）刺激口中的神经末梢产生的。

咖啡的体质感不同于强度（浓度），强度（浓度）是衡量可溶性化学物质的数量和种类的强度（浓度）的百分比。强度（浓度）赋予咖啡品尝特色，而体质感是口感特点。所以，完全可能制造出一杯体质感浓厚而强度（浓度）很低的咖啡。

含有较低脂肪和硬性纤维的咖啡，品尝起来显得单薄；含有适度的脂肪和一些纤维（在研磨过程中产生的极细小的纤维）的咖啡，品尝起来是光滑的、明亮的；含有较高脂肪和一些细小的纤维物质的咖啡，品尝起来是厚重的、奶油般的。

杯　测

10.1 - 杯测是什么

杯测是用来评断咖啡风味与特性的一种方式，以专业的技巧及标准更客观地找出豆子风味上的优缺点和特性，是国际咖啡品质的沟通语言。杯测主要服务于咖啡豆采购这一活动。不仅如此，通过杯测，咖啡师们还可以确定各种咖啡豆的最佳冲煮方案，尽可能地冲煮出风味最佳的咖啡。

10.2 - 杯测的价值

（1）生豆

检测咖啡豆的品质，作为采购参考。通过杯测，测定咖啡豆是否符合自己或公司的产品要求，以便做采购决策。

确定生豆价格。通过杯测，利用同一标准使价格与质量成正比；通过杯测，还可以了解咖啡豆的品质，有利于更好地根据市场需求定价。

确定产品与样品的一致性。通过杯测，可以检验供应商的样品与实际产品是否一致，防止供应商以次充好。

（2）烘焙

通过杯测了解咖啡豆的特性，一方面有利于为其选择合适的烘焙方法与烘焙度，从而可以指导烘焙过程，更好地通过烘焙表达其特色；另一方面，有利于拼配出自己需要的更好的咖啡，从而保证产品质量。

（3）感官

丰富感官体验，从而提高生活品质。杯测过程是一个积极的感官体验过程，是一个享受的过程。

（4）其他

训练与教育。通过杯测活动训练杯测人员的感官能力等。

10.3 - **杯测流程**

（1）准备

杯测碗，一壶热开水，杯测勺，装有纯净饮用水的玻璃杯。

（2）研磨

将每一种豆子均称重8.25克测试样本，研磨成比一般冲煮咖啡用稍粗的颗粒，加入杯测碗中。

（3）闻干香

我们此时可以闻到研磨后的咖啡粉香气，用花香、水果香、坚果香、巧克力香、蜜糖香等详细去描述。

（4）注水

从咖啡粉上注入150毫升93℃的水，注水要保证所有的咖啡粉都被润湿，使咖啡粉均匀浸润，并尽量每次使用相同的手法注入热水。

（5）破渣

注水后等待3～5分钟，并用杯测匙将注入热水后浮在表面的咖啡粉层——咖啡浮渣（Crust）拨开，确认湿香。

（6）捞渣

用杯测匙将咖啡表层的渣质和泡沫捞除。

（7）品鉴

用杯测匙捞取咖啡，以快速且用力啜吸的方式将咖啡吸入口中，这种方法可让咖啡分子更加细致地从舌尖进入口腔，雾化后与整个舌面充分接触。在咖啡降温的过程中要持续品尝，并依据杯测表的格式评鉴其酸味、醇度、干净度等项目。

10.4 - 杯测评鉴

没有任何单一测试可以满足所有的要求，重要的是杯测者可以知道目的与结果的使用方法。这个杯测流程的目的是决定杯测者对于咖啡质量的感受。杯测者借由这种方式去评价特定的风味，并且与杯测者先前的经验进行比照，进而根据样品的数值基准去评价。分数较高的咖啡通常会比分数较低的咖啡有着明显的优良质量。

干/湿香气、风味、余韵、酸质、体质感、平衡性、一致性、干净度、甜度、缺陷、综合考量（Overall）……有着正面分数的特定香味特性会由杯测人员的评价反映出来，缺陷是代表着不愉快的负面风味分数，综合考量的分数则是基于杯测者个人过往的风味经验所做的评价。

表10-1 杯测评鉴表

（1）干/湿香气

咖啡香气包括干香气（咖啡粉干燥状态下的味道），以及湿香气（注入热水后的咖啡香气）。杯测者可以分3区段来评价咖啡：（1）杯子里的咖啡粉尚未注入热水时，闻其干香气；（2）嗅闻破渣时所释放的湿香气；（3）破渣后咖啡静止时释放出来的湿香气。特定的干香气、湿香气可以在Qualities（质量）下方的栏位标记。香气的强度可以标注在垂直的5段尺度。最后给的评价分数应该反映出样品干/湿香气在3个阶段的所有样貌。

（2）风味

风味反映了咖啡的主要特性，可以说是表示咖啡香气与酸味所赋予的第一印象及最后的余韵之间的"中间领域"的特征。这是咖啡进入口中触发味觉直到余韵从鼻腔逸出来所形成的综合印象。风味评价，应该是在啜吸的时候，咖啡散布在整个口腔时，根据其强度、质量、复杂度、香气去评价。

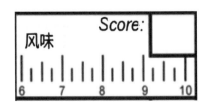

（3）回味值

所谓回味值（余韵），是指咖啡汽化或吞咽后，在口腔上颚后部所残留散发的正面风味或香气。如果余韵太短或令人感到不愉快，则咖啡余韵分数会比较低。

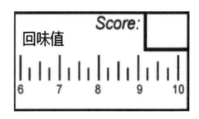

（4）酸度

所谓酸度，好的时候以"明亮度"表示，不好的时候以"腐酸味"表示。好的酸度可以使人感受到咖啡带有的甜度以及活力，令人联想到新鲜水果的特性，且几乎是在第一口啜吸时就可以立即感受到这个风味。过度强烈或者酸质占据大部分的味道也许会令人感到不愉快。所以，过度的酸质对于勾勒咖啡的风味轮廓并不适合。水平尺度上所记载的最后评价，应该反映评价者对于酸质的喜好选择，这时的酸质品质应基于咖啡产地的特征及其他要素所带来的影响。预期酸质较高的咖啡与预期酸质较低的咖啡，也许在强度的数值上相差较大，但在喜好选择评分时也可以同样给予高分。

（5）醇厚度

所谓醇厚度，是根据口中的液体触感去评价，特别是以舌头与上颚之间的触感为基础。大部分咖啡样品因为萃取中的胶质与糖类存在使得醇厚度较重，所以都会有着较高的分数。当然，有些醇厚度轻的样品在口中也会带来愉悦的感觉。预期醇厚度重的咖啡与预期醇厚度轻的咖啡，也许在强度的数值上差别较大，但在喜好选择评分时也可以同样给予高分。

（6）一致性

所谓一致性，指的是评价对象的样品每杯之间的风味一贯性。若每一杯的味道不同，评定的分数就不会太高。可以呈现这个属性的样品，每一杯可以给予2分，5杯全部一致的话，最高可得10分。

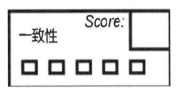

（7）平衡感

咖啡样品的风味、余韵、酸质、体质感等各个特性是如何调和、互补或者互相对照的情况，就是平衡感。如果该咖啡样品缺少特定香气或风味，或者某种风味特性过于强烈，则平衡感评价得分会相对降低。

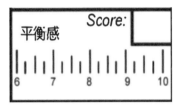

（8）干净度

所谓干净度，指的是最初咖啡入口之后到最后的余韵为止，没有其他味道冲击造成负面印象，也就是样品的"清澈干净度"。评价这个属性时，从最初咖啡入口到最后喝下或者吐出为止，应该注意到其整体风味感觉。

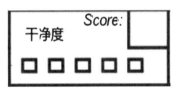

（9）甜度

这种感觉源于特定的碳水化合物的存在。就咖啡而言，甜度的反义词是腐酸、涩味或青草味。这个味觉的特质也许不像含有很多蔗糖的制品（如一般饮料等）被直接察觉，但是会影响其他风味属性。

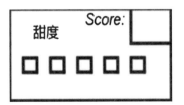

（10）总体评价

这个评定项目的目的是反映每一位评价者掌握的对于咖啡样品的综合评价。即使样品拥有很多令人愉悦的特性，若每个特性都不明显，那么也会得到较低的评分。若样品

具有明显的特性，并且符合预期的咖啡产区风味特性的话，评价分数就会上升。若就其令人喜欢的特征而言，也许会因为个别属性的个别评价而没有被反映，这部分令人喜欢的特征本来会得到更高的分数也说不定。这是个评价者可以加入个人喜好的项目。

（11）缺陷

所谓缺陷，指的是负面的风味或者不好的风味损坏咖啡的品质。缺陷分为两类：第一，瑕疵代表着可察觉，但并不是压倒性的味道，通常在湿香中被发现，"Taint（污染）"的强度为"2"。第二，负面的风味通常在味觉方面被发现，且有着压倒性的明显味道，是让人很难接受的样品，"Fault（毛病）"的强度为"4"。缺陷必须先分类，然后形容（如"酸腐味""橡胶味""馊味""酚醛味"），并且将形容记录下来。记录该缺陷出现的杯数，以及强度为"2"或"4"。将缺陷的强度乘以杯数计算出乘积，再从杯测表上的总分中扣掉。

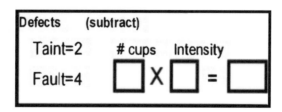

（12）总体得分

首先，合计各主要属性的评分，记入"总合分数"栏。接下来，从总合分数中减掉缺陷分数，得到"总体得分"。

10.5 - 杯测的注意事项

（1）不要让自己身上有强烈的味道

杯测的重要环节就是闻干香和湿香，如果你的身上喷了香水，或者使用了香味浓郁而且余香久久不会散去的洗发水、沐浴液、洗衣液等，就会影响杯测时的味觉感知。

（2）不要吃辛辣刺激的食物

在杯测开始之前，不要吃香喝辣，最好能用清水漱漱口，这可是关系到你能不能品出一杯咖啡风味的关键因素。

（3）要保持安静的杯测环境

杯测环境应保持舒适安静，没有外界干扰，大家先各自对杯测的豆子逐一进行品鉴，最后进行讨论。注意，用杯测勺时，不要在桌子上敲击发出很大的声音，轻轻触碰杯测碗旁边放置的纸巾就可以了。如果担心勺子有水渍，拿一张纸巾擦干也是可以的。

11

牛　奶　咖　啡

11.1 – 奶泡

（1）概念

咖啡中的奶泡，指的是牛奶和打发的牛奶泡沫的混合体。所以说，咖啡中的奶泡不是牛奶泡沫，而是由奶（牛奶）和泡（牛奶泡沫）组成。

（2）发泡原理

用蒸汽去打发牛奶时，就是向液态牛奶打入空气，利用乳蛋白的表面张力作用，形成许多细小的泡沫，从而使液态牛奶体积膨胀，呈泡沫状，其中乳清蛋白

起主要作用。乳清蛋白中同时含有亲水基团和疏水基团，亲水基团朝外向着水相，疏水基团埋藏在疏水内核中。

在加热的情况下，乳清蛋白会发生一定的变性，蛋白质舒展致使更多疏水基团暴露出来，可结合油相形成乳化液。正是由于具有这样的性质，乳清蛋白是一种良好的起泡剂。因此，使牛奶起泡的主要是乳清蛋白。

（3）作用

在发泡过程中，乳糖因为温度升高，溶解于牛奶中，可以增加牛奶的甜度。在饮用的时候，细小的泡沫在口中破裂，奶泡中的芳香物质散发出

来，使得牛奶产生香甜的味道和浓稠的口感。

在牛奶与咖啡的融合过程中，奶泡使得两者充分融合，而又凸显各自的特性，起到相辅相成的作用。

由于奶泡密度较低，容易浮于表面，这给拿铁艺术奠定了基础。可以说，奶泡改变了牛奶咖啡的风味，更赋予牛奶咖啡更多的艺术变化。

11.2 - **牛奶成分对奶泡的影响**

影响奶泡质量的牛奶成分主要有蛋白质、脂肪、乳糖和游离脂肪酸。

（1）蛋白质

牛奶中起泡质量的主要影响因素是乳清蛋白。其起泡性和稳定性随着乳清蛋白的含量增高而升高。

乳蛋白质含量在2.8%~3.2%范围内，随着蛋白质浓度的增大，牛奶起泡性不断提高，主要是因为随着溶液中蛋白质浓度不断增大，在充入水蒸气过程中，有足量的蛋白质分子成膜，并且蛋白质分子形成的膜更加紧密，不易破裂，所以，泡沫的稳定性也随着蛋白质浓度的增大而逐渐提高。

（2）脂肪

乳脂肪含量在0.5%～3.7%范围内，随着牛乳中脂肪含量的升高，卡布奇诺咖啡牛奶的起泡性是缓慢提高的，起泡性的缓慢提高可能是由于脂肪含量不断增加，乳脂肪中磷脂含量随之不断增加，磷脂能够降低泡沫的表面张力，从而促进泡沫的形成。而在特定的乳脂肪含量范围内，随着脂肪含量增加，泡沫稳定性略有下降，可能是由于乳脂肪在充入水蒸气起泡过程中，乳脂肪缓慢水解，水解产生了游离脂肪酸和偏甘油酯，偏甘油酯在形成过程中不断取代泡沫中的蛋白质，从而导致泡沫的稳定性不断降低。

（3）乳糖

乳糖含量在4.7%～5.5%范围内，随着乳糖含量的不断增加，泡沫稳定性也不断提高，这可能是由于乳糖含量的增加带来整个体系的黏度和表面张力的提高，抑制或降低了表面活性分子在气/水界面的吸附能力，因此降低了牛奶的起泡性能。而泡沫稳定性随着乳糖含量的增加略有提高，可能是由于随乳糖含量的增加，整个体系的黏度提高，泡沫薄膜黏度增加，从而使泡沫稳定性提高。

（4）游离脂肪酸

在蛋白质、脂肪和乳糖含量相同的情况下，游离脂肪酸含量在0.31～2.35mmol/L范围内，随着牛奶中游离脂肪酸含量的增加，牛乳的起泡性和泡沫稳定性显著下降。当游离脂肪酸含量为1.18mmol/L时，牛乳已不能满足卡布奇诺咖啡牛奶发泡的要求；当游离脂肪酸含量在2.35mmol/L时，牛乳形成的泡沫不具有持久力，即能听到"噼啪"的泡沫破裂声直至泡沫完全破裂。牛乳中游离脂肪酸含量越高，说明牛乳中乳脂肪在酶或微生物等作用下脂肪水解率越高，而乳脂肪的水解产物之一是具有表面活性的偏甘油酯。偏甘油酯取代存在于气/水界面保持气泡稳定的蛋白质，从而影响牛奶的起泡性。而随着游离脂肪酸含量的增加，泡沫的稳定性不断降低，这也进一步说明了水解产生过多的偏甘油酯在不断取代具有稳定作用的蛋白质，从而导致泡沫的稳定性不断降低。

所以，选择的牛奶应尽可能新鲜，因为牛奶越新鲜，游离脂肪酸的含量越低。

11.3 - **奶泡制作**

现在的牛奶咖啡饮品以含奶泡的居多，包括拿铁艺术都以奶泡为基础。所以，奶泡的制作在咖啡牛奶饮品中是相当重要的，接下来我们讲解奶泡的制作。

☕ 奶泡质量要求

视觉：表面没有粗泡沫，能反光（奶泡直径要小，不同级别的奶泡要求不一样）。

口感：细腻、滑口。

温度：打出奶泡的温度要一致，且在60℃～65℃。

☕ 设备与原料

奶泡制作可分为手工制作和机器制作，制作方法不同，所需器具也不同。

用于打发的牛奶一定要选择全脂牛奶，也就是脂肪含量大于3.5%的牛奶，且牛奶温度在3℃～5℃为最佳。

（1）制作方法

💿 手工制作

① 先做快速低打，打到有明显的阻力和绵感；接下来做中打，同样打到有明显的阻力和绵感；最后做高打，打到整体有阻力和绵感。提示：注意抽动的高度。

② 重复第一步。这样就完成了手动打奶的过程。如果想要奶泡不太稠，有一定的流动感，就只做第一步即可。打完奶泡后垂直抽出活塞，有利于把打出的粗泡赶出。

💿 机器制作

① 将牛奶倒入拉花缸中，占1/3至1/2。

② 启动蒸气阀以放出蒸气棒内的水分。

③ 将蒸气喷嘴插入鲜奶表面3~5毫米深（深度根据不同蒸气喷嘴及蒸气强度会略有不同）。

④ 开启蒸气阀。

⑤ 此时会听到轻微的"嘶嘶"声，控制拉花缸位置及角度使鲜奶形成

漩涡（插得太深就会听到"轰轰"声，插得太浅就会见到很多泡沫甚至牛奶跳出来）。

⑥ 接近理想温度时，将漩涡收细（以免意外发生，试过你就知）。

⑦ 关上蒸气阀。

（2）制作技巧

◉ 奶泡中奶与泡沫相融合度较低的情况处理

牛奶打发后，如果不是我们理想中的奶泡，而是下层是被加热的牛奶，上层是打发后的奶沫的状态，或者有粗泡产生，这时我们需要对打发后的奶泡进行处理。

① 摇晃，让下层热牛奶与上层奶沫充分混合，形成奶泡。

② 把打好的成品在两个拉花缸里来回倒几次，使热牛奶与奶沫充分混合，接着平均分在两个缸里，再少量地来回倒几次，这样就分配均匀了。切记来回倒的时候拉花缸的距离不要太大，否则容易产生更多粗泡。

◉ 粗奶泡的补救

上下抖动使粗奶泡破裂，但只是作为奶泡制作的补救方法，不要产生依赖。如果粗奶泡过多，则用汤匙舀掉表面的粗泡沫。一定要加强打奶泡中对水蒸气的控制技术。

（3）注意事项

① 拉花前，奶泡一直在拉花缸里处于摇晃状态，要避免因此造成的分层再次出现。

② 摇晃时，如出现奶沫集中在形成的漩涡中间呈一个小球状，证明奶沫分配不均，这时还需再分配一次。

③ 把奶泡打发后，要立即制作咖啡，千万不要静置一会儿再用。因为这会使奶泡的分层加剧，热奶与奶沫的融合会很不容易完成，稍不注意，就变成奶是奶、沫是沫。

（4）奶泡制作常见问题与处理方法

① 手动打奶器打出来的牛奶可否用来拉花？

答案是肯定的。意式浓缩咖啡具备两个最基本的特征，即上层是咖啡色的泡沫，下面是黑色的咖啡液。这样的咖啡就可以用来制作拉花咖啡。我们只要在咖啡杯中注入30毫升左右的黑咖啡，再倒进去一点点打出来的奶泡，然后用汤匙搅匀，表面的白奶泡就变成了"有咖啡颜色的泡沫"，而且它是浮在黑咖啡上面的。接下来，我们就可以用奶泡进行拉花了。不过，用这样的液体制作的拉花咖啡，咖啡味儿太淡，拉层次感强的花有局限性，所以只能尝试，不提倡推广。当然，时不时用此方法练练手也是不错的。

② 为什么奶泡不漂在咖啡上面？

为什么奶泡一倒入浓缩咖啡中就马上和咖啡融合在一起，无法像高手拉花视频中的奶泡会漂在上面？这是因为奶泡不够多，和牛奶混合不足导致的。

③ 怎样才能把牛奶和奶泡混合好呢?

在打奶泡的时候,可以把空着的手放到拉花杯上感受牛奶的温度,在感觉到很烫手已经不能继续放在拉花缸上的时候,差不多就好了。如果打的时间再长一点,就会分层,变成90%是流动的牛奶,以及一个浮在上面的厚厚的硬奶沫盖子。当倒进咖啡里时,牛奶会先从拉花杯中流出来。所以,要想牛奶和奶沫混合得好,控制温度很关键。奶泡打好后不能长时间放置,不然也会分层。

④ 打奶泡要选用哪种机型的意式机?

一般机器都配有3、4、5孔的蒸汽头,只要稍加熟悉,都可以打出好奶泡来。不过,机器的出蒸汽量、干湿程度、气孔大小对打发牛奶还是有影响的。

⑤ 为什么要用水练习打奶泡?

一是因为水是透明的,用水练习可以让你更清楚地看到漩涡是如何形成的。二是能更好地掌握孔数不一的机型的奶泡打法。三是初学时要切记,在未能把奶泡打发好时要使用温度计。若不能更好地掌握温度,那么你所做的咖啡质量是不稳定的,有可能十次中有一两次能打出奶泡,但那可不是稳定的品质。

⑥ 蒸汽打奶与用手工打奶的区别是什么?

用手工打奶与蒸汽打奶得到的奶泡根本无法相比。蒸汽打奶获得的奶泡很细腻、绵滑,而且蒸汽的辐射面广,打出来的奶泡会比较均匀,混合得比较好。手工打奶主要通过滤网的小孔挤压,打出来的奶泡比较粗。

⑦ 粗奶泡如何处理?

如果发泡过后的奶泡表层中含有较粗的奶泡,可用不锈钢汤匙将其刮除。要特别注意拿汤匙的手势,是以手指贴在汤匙的背面,以避免把辛苦打出的细致奶泡舀起来。

12

其 他 咖 啡 饮 品

咖啡饮品狭义上是指以咖啡为主要原料的饮品，广义上是指含有咖啡的饮料。目前，市场上主要的咖啡饮品为咖啡与牛奶混合饮品。那么，现在市场上到底有多少类咖啡饮品呢？下面一一介绍。

单品咖啡：俗称黑咖啡，广东地区也称之为斋啡。以咖啡熟豆和水为原料，不添加其他物质。

奶类咖啡：以拿铁为代表的经典咖啡。

蔬果类咖啡：以咖啡和蔬果为基本原料的咖啡。

酒类咖啡：也叫含咖啡鸡尾酒，是酒与咖啡的碰撞。

气泡类咖啡：以苏打水或二氧化碳、咖啡为基础的混合咖啡。

其他咖啡饮品：不在以上分类中的咖啡。

12.1 – 蔬果类咖啡

蔬果在饮品中的应用日渐频繁，从茶饮一路发展到咖啡，已经有了明显的流行趋势。蔬果作为日常可见的品类，拥有大众基础，提到蔬果，人们自然而然会将之和"低脂、健康、营养"联系在一起，所以蔬果类咖啡受到各家咖啡品牌的追捧。

瑞幸咖啡一直以多款水果咖啡在市场上受到众多的好评和追捧。上海的熊爪咖啡，推出了一款蔬果咖啡"绿拿铁"，加入了抹茶粉和爱美草果蔬粉，入口有淡淡的抹茶味。Manner Coffee上新"南瓜拿铁"，将奶油感的咖啡与南瓜芝士融合。星巴克秋季限定"南瓜丝绒拿铁"，以鲜果咖啡为主打。开出70＋门店的卡瓦尼，菜单中有果蔬美式，把青瓜、苦瓜等蔬菜和咖啡相结合。肯德基"K咖啡"，更是在咖啡里加入胡萝卜汁，顶部还有一根小胡萝卜，将蔬果类咖啡推上风潮。

12.2 - 酒类咖啡

"美酒加咖啡，我只要喝一杯……"作为一首20世纪70年代发表的经典歌曲，不仅因为邓丽君小姐的歌声而显得格外醉人，当中的美酒+咖啡的搭配，如今也成为年轻一代对刺激的追求。酒精能让人放松，咖啡因能让人提神，于是在20世纪40年代，酒吧里面就流行起了在加热过的糖块中加入烈酒和热咖啡，最后加上一层奶油，制作出了享誉全球的爱尔兰咖啡。

酒调咖啡和特调咖啡一样，目的是在不剥夺咖啡主体性的前提下，为咖啡增加丰富复杂的感官体验。但不同的是，往咖啡里面加入酒，要比加入果汁复杂很多。精品咖啡的风味本就细腻难察，而酒的味道往往会比咖啡本身浓郁，所以酒调咖啡的基酒比例通常不会太高。

含酒的饮品，为咖啡店提供了一种具有仪式感的消费，通过微醺的概念，能提升更多消费者对咖啡、酒的接受度。如今消费者对饮品创新与寻求刺激上有更多的追求，咖啡+酒的搭配也将会形成新一轮风潮。

以下是常见的酒类咖啡。

🫘 皇家咖啡

这一道极品可是由一位能征善战的皇帝发明的，他就是法兰西帝国的皇帝拿破仑！他可不喜欢奶味，他喜欢的是法国的骄傲——白兰地！蓝色的火焰舞起白兰地的芳醇与方糖的焦香，再搭配浓浓的咖啡香，苦涩中略带甘甜。

皇家咖啡的特色是甘、醇，具有白兰地醇美的酒香，适合夜晚饮用，具有高贵而浪漫的情调，白兰地醇醇的酒香四溢，十分迷人。

🫘 爱尔兰咖啡

爱尔兰咖啡是一种含有酒精的咖啡，于1940年由Joseph Sheridan首次调制而成，是由热咖啡、爱尔兰威士忌、奶油和糖混合搅拌而成。

爱尔兰咖啡非常适合在冬天饮用，可以帮助驱除一身的寒意。饮用爱尔兰咖啡后，舌头留有的口感、醇度的变化可分为清淡如水到淡薄、中等、高等、脂状。爱尔兰咖啡的酸度不是酸碱度中的酸性或酸臭味，也不是进入胃里让人不舒服的酸。

🫘 咖啡马天尼

咖啡马天尼是由伏特加、浓缩咖啡、利口酒和糖浆制成的冷咖啡味鸡尾酒。关于咖啡马天尼的起源有几种说法，一种普遍的说法是由迪克·布拉德塞尔于20世纪80年代后期在伦敦弗雷德斯俱乐部为一位年轻女士创造的，该女士的要求是："先让我清醒，之后让我醉过去。"在之后广为流传的视频中，布拉德塞尔证实了这一点。布拉德塞尔还提到了他发明这种饮料时的状况："咖啡机就在我提供鸡尾酒的车站旁边。因为到处都有咖啡渣，所以这并不是一件令人愉快的事，正因如此，咖啡在我的脑海中浮现了很多次。并且当时正值饮用伏特加的浪潮，所以产生了将两者混合的想法。"咖啡马天尼的配方因来源而异，但是通常来说它们都包括甘露咖啡利口酒或添万利咖啡利口酒。

12.3 – 气泡类咖啡

气泡咖啡，又称苏打水咖啡，是当下最流行的夏日饮品，将意式浓缩咖啡和苏打水混合，便可以制作出非常清爽美味的咖啡冰饮。气泡咖啡还可以有很多其他口味，如蜂蜜柠檬味、生姜柑橘味等，还可以是无糖、零卡路里的。不寻常而又清爽的口感和风味多样性使气泡咖啡具有较高可玩性，成为各大咖啡馆的实验性饮品，进而带来很多不同的风味体验。

气泡咖啡最早是由美国西海岸旧金山的精品咖啡店（Saint Frank Coffee）的一位店长凯文·博林发明。2014年夏天，凯文·博林注意到在炎热的天气里顾客更喜欢点冰爽的气泡水而非咖啡，于是他联想到了金汤力的调法，把咖啡和汤力水混合到一起，发明了第一杯真正意义上的气泡咖啡（Coffee Tonic）。畅爽的气泡口感加上咖啡的香醇，使这款偶然调制出的夏日特饮很快燃爆了美国西海岸，并成为Saint Frank Coffee的招牌饮料，也是整个菜单上售价最高的一款特饮。不久之后，气泡咖啡的流行浪潮席卷了世界。

13

世界咖啡

13.1 - 美洲咖啡

美洲咖啡的特点：柔和、平衡、橘子味、花香味、焦糖味、甜度高。因有着适合咖啡种植的气候，以及十分适合咖啡树生长的优渥土壤，目前美洲已成为全球最重要的咖啡产区。

表13-1　美洲咖啡的主要精品产区及其代表品种

国家	主要精品产区	主要/代表品种	风味特质
危地马拉	阿卡特南戈、阿蒂特兰湖、安提瓜	卡杜拉、卡图艾、波旁	香料、烟熏、土味、鲜美、花香、甜
萨尔瓦多	Apaneca–llamatepec山产区、Alotepec–Metapan山产区	波旁、帕卡斯、帕卡马拉	香草、榛子、巧克力、梨
洪都拉斯	科潘、蒙德西右斯、欧巴拉卡	波旁、卡杜拉、卡图艾	坚果、香料
哥斯达黎加	中央山谷、西部山谷、塔拉珠	卡杜拉、卡图艾	柑橘、坚果、蜂蜜、花香
巴拿马	博克特、Renacimiento	瑰夏、帝比卡、卡杜拉	香草、草本、柠檬草、花香、甘蔗糖
哥伦比亚	考卡省、托利马省	卡杜拉、卡斯提优	水果、坚果
巴西	巴伊亚产区、圣保罗州	卡杜拉、卡图艾	焦糖、可可、烤坚果
秘鲁	胡宁省、圣马丁省	波旁、帝比卡、卡杜拉	橘子、坚果、巧克力

13.2 - 非洲咖啡

非洲咖啡的特点：具醇厚度、圆润、明亮、酸度高、花香、果香。作为咖啡的发源地，非洲有着得天独厚的种植地理位置——赤道南北纬25°之间是咖啡种植带，周围的地形与位置特别适合咖啡豆的种植。非洲产区的咖啡风味最具多样性：独特的花果香，水果风味特征明亮，如葡萄柚、柑橘调香味，以及充满异国情调的香料味与迷人的莓果味！

表13-2 非洲咖啡的主要精品产区及其代表品种

国家	主要精品产区	主要/代表品种	风味特质
埃塞俄比亚	西达摩、林姆、金玛、耶加雪菲	耶加雪菲、埃塞俄比亚原生种	巧克力、蓝莓、花香、草本
肯尼亚	涅里、穆拉雅、恩布、梅鲁、基里尼亚	SL28、SL34	花香、柑橘、草本
卢旺达	Huye、Nyamagabe、基伍湖	波旁	巧克力、花香、坚果
乌干达	布吉索、乌干达西部、西尼罗、中央低地	原生罗布斯塔、帝比卡、肯特	巧克力、奶油、草本
也门	玛塔莉、山娜尼	铁皮卡、波旁	巧克力、红茶

13.3 – 亚洲咖啡

亚洲咖啡的特点：具醇厚度、圆润、土味、巧克力、甜味。在亚洲产区，你可以找到世界上最与众不同的咖啡风味，具有浓郁芳香，带着草本调性和温和香料风味。例如，中国云南是公认的最佳小粒种咖啡产地，平均气温为21.5℃，最高达40.4℃，终年基本无霜，这里培育的小粒种咖啡浓而不苦、香而不烈，颗粒小，面匀称，醇香浓郁，且带有水果味。

表13-3 亚洲咖啡的主要精品产区及其代表品种

国家	主要精品产区	主要/代表品种	风味特质
中国	云南、福建、海南	卡帝莫、卡杜拉、波旁	巧克力、顺滑
印度	泰米尔纳德邦、浦那、尼尔吉里、Shevaroy	肯特、罗布斯塔	香料、热带水果、季风豆风味
巴布亚新几内亚	东高地省、西高地省	波旁、帝比卡、阿鲁沙	水果、土味
印度尼西亚	亚齐、苏门答腊、爪哇	铁皮卡、曼特宁	草本、檀木、巧克力
泰国	泰国北部、泰国南部	卡杜拉、卡杜艾	香料、巧克力
菲律宾	民马罗巴、科地列拉行政区	帝比卡、新世界	花香、水果

13.4 - 中国咖啡

（1）中国咖啡地理

咖啡进入中国的故事，还得从1892年，云南楚雄、大理、丽江交界的大山深处，一个交通不便、鲜为人知的彝族村落朱苦拉开始说起。那一年是清光绪十八年，法国天主教传教士田德能来到朱苦拉村传教，带来了一些咖啡种子。为了能够喝上咖啡，他在当地栽种了一小片咖啡林，也将咖啡的种植、研磨、冲煮方法教给当地村民。这种新奇的提神饮品，吸引了当地村民品尝。至今，当地彝族村民维持着喝咖啡的习惯，方法是将咖啡豆磨粉后，倒入大壶煮沸即喝，十分粗犷豪迈。

南北回归线之间的热带地区，拥有丰沛的热量、充足的雨水以及呈弱酸性的土壤。这里是全球咖啡生长的主要区域。咖啡原产于非洲中北部，现有79个国家和地区种植咖啡。我国咖啡种植面积和产量不到全球的2%，主要种植区域集中在云南、海南和台湾。

云南为主产区，咖啡种植面积、产量和产值占全国98%以上，种植品种为世界主流的小粒种咖啡阿拉比卡。

海南种植的则为较小众的中粒种咖啡罗布斯塔。如海南的兴隆、福山，由于海拔低、温度高，这里产的主要是罗布斯塔。这里广泛使用"糖炒"的方法烘焙咖啡豆，与南亚、东南亚的咖啡种植和加工技术渊源深厚。

台湾的东部山区，如嘉义、南投、花莲、台东等地，也是咖啡的优质产地。台湾整体的咖啡产量不是很大，但风味多变，而且在烘焙、加工上颇有心得。

（2）云南咖啡

云南咖啡种植分布区域

小粒种咖啡主产区域：德宏自治州、普洱市、临沧市、保山市。

小粒种咖啡小面积种植区域：景洪市、文山市、玉溪市、红河市、大理市、楚雄市、泸水市等。

最早引进咖啡古林地：宾州朱苦拉村、瑞丽弄贤寨。

云南咖啡产区和庄园介绍

版纳产区：云澜咖啡庄园、蔓飞龙咖啡庄园、归本咖啡合作社、夏诺纳咖啡庄园、金菩麟咖啡庄园、共语咖啡庄园、原素加咖啡庄园。

临沧产区：秋珀咖啡庄园、兮遥咖啡庄园、幸福咖啡庄园、哈里咖啡庄园。

德宏产区：大经典咖啡庄园、一念咖啡庄园、侏椤咖啡庄园、黄金时代咖啡庄园。

怒江产区：碧罗咖啡庄园、粒述咖啡庄园。

保山产区：比顿咖啡庄园、来斤咖啡庄园、潞江香咖啡庄园、递迩咖啡庄园、新寨咖啡庄园、梓墨咖啡庄园、那姆咖啡庄园、希音红龙咖啡庄园、南山咖啡庄园、有山咖啡庄园（佐园）、夏茉咖啡庄园、石端正咖啡庄园、林果咖啡庄园、立雄咖啡庄园、松林咖啡庄园、勐赫咖啡庄园。

普洱·孟连产区：斑马咖啡庄园、天宇咖啡庄园、YSCC咖啡联社、金山咖啡庄园、信岗咖啡庄园、飞珠客咖啡庄园、苡榕咖啡庄园。

普洱产区：漫崖咖啡庄园、小凹子咖啡庄园、爱伲咖啡庄园、庸曼咖啡庄园、森林农夫咖啡庄园、桃子树咖啡庄园、蒂凡咖啡庄园、林润咖啡庄园、要得了咖啡庄园、达雅咖啡庄园、山里人咖啡庄园、干夫长咖啡庄园、李山咖啡庄园、奥莱咖啡庄园、高雅咖啡庄园、大开河咖啡庄园、奇象咖啡庄园、金树咖啡庄园、芒掌咖啡庄园、晶工咖啡庄园、翔龙咖啡庄园、普蕾咖啡庄园、北归咖啡庄园、曼老江咖啡庄园、曼歇坝咖啡庄园、天皓咖啡庄园、孟丰咖啡庄园、如如咖啡庄园、天玉咖啡庄园、艾哲咖啡庄园。

✔ 云南咖啡现状

① 云南咖啡没有形成自己的价格体系。

我国咖啡种植不过100多年的历史，且属于特色小品类，发展比较缓慢。很长一段时间内，一产种植多以小农散户为主，随意性强，种植管理水平较低，产量不稳定且品质不高。二产、三产以初级加工为主，企业"小、散、弱"，缺乏一批精深加工的龙头企业。目前云南咖啡还没有形成自己的价格体系，价格基本上跟着期货价格走，国际市场上期货涨，我们就跟着涨，期货跌，我们就跟着跌，没有自主定价权。

因此，每年云南咖啡豆的价格波动期也仅限于采摘季，但也许这期间国际市场上咖啡豆的交易价格并不高。而巴西、哥伦比亚这样的咖啡生产大国，拥有大量库存，由于中远期交易体系的建立，在没有咖啡豆采摘的季节，依然能够销售咖啡豆，保证周年交易。

此外，云南咖啡豆从种植到收购尚未建立起与市场对应的标准化的品质体系，在咖啡豆体积达到多大或者酸度达到多少等方面并无统一标准。尽管重庆咖啡交易中心和云南咖啡交易中心各有成交标准，但在定价时依然要以巴西咖啡豆的价格为基准。换言之，每次云南咖啡豆在进行交易时，都要与当年的巴西咖啡豆进行对比，如果品质比巴西咖啡豆好，则可以卖得比它稍微贵一点，反之，定价要比巴西咖啡豆低。

另一个目前云南咖啡豆缺少定价权的原因，则是多年以来全球咖啡烘焙行业已经形成的惯例。消费市场上最常见的意式拼配咖啡，在烘焙时不单独使用某一种咖啡豆来进行加工，而要将云南咖啡豆、巴西咖啡豆或哥伦比亚咖啡豆拼配起来进行烘焙，这也直接导致了云南咖啡豆在货源方面并非不可替代。

② 缺乏标准化加工，质量不稳定。

云南咖啡种植业仍有很长的路要走。譬如，由于缺乏标准化加工、质量不稳定，许多庄园出品的咖啡豆无法在国际体系中进行评定，或者出于咖农与国际市场有信息差，急于脱手，导致低价成交，等等。而且，种植咖啡树周期长、利润低，不如种蔬菜挣钱和稳定，像云南保山的"中国咖啡第一村"新寨村，比起光靠卖咖啡豆创收，通过咖啡产业带动当地旅游，是看起来更可行的一条道路。不过随着云南咖啡交易中心、重庆咖啡交易中心陆续成立，信息差减少，地方政府和业界也在辅导咖农提高种植质量，中国的咖啡种植业算是朝着好的方向发展。

每年的2—4月，是云南咖啡最后的采收季。走进云南普洱的咖啡园，到处是咖农们忙碌的身影。采摘下来的椭圆形红色咖啡果，将被送到工厂里过磅称重，随后进行脱皮、发酵、干燥等。经过一系列初加工，咖啡果的颜色由红转白再转青，变成咖啡生豆。咖啡生豆还要经过烘焙、研磨、调配，才能最终冲泡出香气四溢的各式咖啡。

🫘 云南咖啡未来的发展

对于云南咖啡来说，稳定产量和提升品质仍是最关键的两点，而打造

自有品牌、发展精品咖啡庄园文化、创新交易制度等都要建立在这个基础之上。尽管云南咖啡产业仍存在不少短板，面临不少挑战，但近年来面对国内巨大的咖啡消费市场和不断升级的消费需求，云南咖啡也在积极探寻出路。云南咖啡要想存活下去，必须摆脱原料供应者的身份，建立自己的品牌。

越来越多像杨竹这样的土生土长的云南人，开始创立本土的咖啡品牌，云南已建立中咖、云潞、景兰、合美、比顿、天栗、十岸、新寨、云啡等多家咖啡企业品牌。

品牌做起来，还要提高知名度，重塑云南咖啡的精品形象。

与此同时，云南咖啡也在重新定义自己与国际咖啡社会的链接，从前云南咖啡初级产品出口后，在海外经过精深加工，再贴上别人的品牌出售，咖啡的价值已经翻了几十上百倍，利润大头都落入了别人的腰包。偏居一隅的云南咖农和咖企只盯着眼前"一粒咖啡豆的钱"，对背后国际市场和国内市场的新趋势新变化知之甚少。这种状况必须改变。

要想把云南咖啡这张名片真正做大做强做亮，就需要云南省大力推广标准种植，以产出精品优质咖啡原料为目标，按照品种优质化、栽培立体化、管理标准化，新植或提升改造现有咖啡种植基地，积极推广喷滴灌系统、水肥一体化等提质增效技术和装备，以高科技手段从种植端助力咖啡产业发展。同时，需要积极通过招商引资和成立咖啡产业集团两种方式，拓展咖啡产业链，提升产品附加值，努力让更多精深加工留在当地。最后，还需要行业协会、企业以及广大咖农的共同努力。近年来，云南的咖啡从业者们也在积极探索新出路，最具代表性的就是一批有情怀有理想的云南精品咖啡庄园和品牌逐渐涌现。这批新庄园主大多愿意花更多的力气在种植改良上，并以更高的价格收购优质咖啡种植园的全红果，尝试和创新不同加工方式，以创造出更丰富的风味层次。

如今，云南有一些新兴的咖啡庄园已经开始设计咖啡研学之旅，创新咖啡旅游项目，并推出相关文创产品。北归咖啡庄园、爱伲咖啡庄园、小凹子咖啡庄园开业后都颇具人气。咖啡作为一个国际性饮品，许多生活在大城市里的咖啡消费群体也许并不知道咖啡树长什么样，深度的"咖旅融合"势必会形成一个良好的产业链，这也是未来云南咖啡产业发展的重要方向之一。

（3）中国当代的咖啡浪潮

中国咖啡走向精品化，手冲咖啡的兴起就是一个标志。独立、小而美的咖啡馆在大街小巷蓬勃生长。2017年，星巴克在上海开起全球第二家"臻选"烘焙工厂。此外，随着城市高速发展、生活节奏加快、第三产业蓬勃发展，都市人对于工作提神的需求越来越高，走平价、快捷路线的咖啡品牌不断融资、扩张，如瑞幸咖啡、KFC咖啡，乃至如今农夫山泉、蜜雪冰城都开始做咖啡。上海的咖啡店冠绝全球，也是这一时期的发展结果。

咖啡在中国发展至今，大众已经培养出了一定的喜好和认识，但说到怎么喝咖啡的问题，中国互联网上常见两种争执：

一种秉持"咖啡原教旨主义"，主张喝咖啡就应该纯粹，喝咖啡的本味，或者尊崇咖啡的传统喝法，顶多可以加奶，花里胡哨的调制绝对不行，不能拉低了咖啡的格调和品味，否则就不是"真正"在喝咖啡。

另一种观点则认为，咖啡归根到底是大众饮品，爱怎么喝就怎么喝，既没必要崇洋媚外，也不用为了他人喝咖啡的方式较真。

目前看来，在中国比较行得通的路子，是后者。咖啡在中国想要获得广大的受众，首先得口味能够广为接受。意式浓缩、美式、手冲要想好喝，不仅对咖啡出品质量的要求高，而且享受咖啡也有一定的门槛——就跟品茶一样，好咖啡也是要"品"的。

咖啡市场在过去半年里出现的各种爆款，与奶茶异曲同工：生椰拿铁、桂花拿铁、丝绒拿铁、黑糖厚乳咖啡……也有以健康为噱头的中药咖啡、含酒精的调制咖啡。要么够大众、够甜、好喝，要么够新奇、有趣。

卖咖啡的模式和我国发达的数字经济与配送业务相结合，也在不断拓展，如超即溶咖啡、咖啡机器人、自动咖啡、咖啡O2O模式等，不断把新鲜咖啡送达生活中的每一个场景。